职业教育土建类专业“岗课赛证”融通系列教材

装配式
混凝土工程施工

主　编　王成平　张　丹
参　编　王远东　王　婧　王宁宁
　　　　杨小春　郭　庆　陈映海
主　审　任少强

机械工业出版社

本书为职业教育土建类专业“岗课赛证”融通系列教材之一。装配式混凝土工程施工是一门实践性较强的专业课程，主要涉及装配式建筑施工员岗位培训、鉴定、考试等相关内容，本书将职业院校技能大赛、建筑工程施工工艺实施与管理和装配式建筑构件制作与安装职业技能等级证书等内容融入其中。

本书立足于职业能力的培养，基于工作过程以工作任务为载体构建课程体系，采用学习情境组织教材内容。全书共 5 个学习情境：认知装配式建筑、装配式混凝土建筑构件制作、装配式混凝土建筑构件吊装、装配式混凝土建筑构件灌浆、装配式混凝土建筑密封防水。

本书由校企合作共同编写，吸纳企业一线的技术总工参与编写与把关，结合编者多年积累的实践经验，将知识点和技能点融入真实工程案例。本书可作为土建类高职院校建筑工程技术、工程造价、建设工程管理等专业的教材，也可作为建筑行业从业人员的培训和学习用书。

图书在版编目（CIP）数据

装配式混凝土工程施工/王成平，张丹主编. —北京：机械工业出版社，2022.11（2026.1 重印）

职业教育土建类专业“岗课赛证”融通系列教材

ISBN 978-7-111-71984-7

Ⅰ.①装…　Ⅱ.①王…②张…　Ⅲ.①装配式混凝土结构-混凝土施工-职业教育-教材　Ⅳ.①TU755

中国版本图书馆 CIP 数据核字（2022）第 207921 号

机械工业出版社（北京市百万庄大街 22 号　邮政编码 100037）

策划编辑：常金锋　　　　责任编辑：常金锋　沈百琦

责任校对：李　杉　王　延　封面设计：马若濛

责任印制：单爱军

中煤（北京）印务有限公司印刷

2026 年 1 月第 1 版第 3 次印刷

184mm×260mm · 8 印张 · 179 千字

标准书号：ISBN 978-7-111-71984-7

定价：36.00 元

电话服务　　　　　　　　网络服务

客服电话：010-88361066　　机　工　官　网：www.cmpbook.com

010-88379833　　机　工　官　博：weibo.com/cmp1952

010-68326294　　金　　书　　网：www.golden-book.com

机工教育服务网：www.cmpedu.com

序

2019年，教育部、国家发展改革委、财政部、市场监管总局联合印发了《关于在院校实施“学历证书+若干职业技能等级证书”制度试点方案》，强调重点围绕服务国家需要、市场需求、学生就业能力提升，逐步开展，稳步推进1+X证书制度试点工作。在试点工作中，试点院校要深化校企合作，坚持工学结合，深化教师、教材、教法三教改革，根据职业技能等级标准和专业教学标准要求，将证书培训内容有机融入专业人才培养方案，优化课程设置和教学内容、教学组织与实施，深化教学方式方法的改革，探索将相关专业课程考试与职业技能等级考核统筹安排。

为了使学校建筑类专业教育教学与建筑行业的市场需求更好地融合，实现专业课程内容与职业标准对接、教学过程与生产过程对接，同时也更好地满足新形势下1+X建筑工程施工工艺实施与管理职业技能等级证书培训及考试的需要，中铁二十局集团有限公司组织一批长期从事建筑专业教育教学与培训的教授、学者和有着丰富工程经验的一线专业技术人员、专家编写了本系列教材。

本系列教材属于教育部第四批1+X证书制度试点培训系列教材，以土建相关专业教学标准为依据，结合建筑工程施工工艺实施与管理职业技能等级证书考试大纲，并依据建筑工程技术、建设工程管理等专业人才培养目标和施工员相关职业岗位的能力要求而设置，体现了国家为完善职业教育和培训体系、深化产教融合、校企合作的重大制度设计。

本系列教材在编写过程中，力求突出以下特色：

（1）以高等职业学校土建类相关专业（建筑工程技术、建设工程管理等专业）教学标准为依据，结合1+X建筑工程施工工艺实施与管理职业技能等级证书考试大纲来编写，紧贴时代和行业发展步伐，符合《国家职业教育改革实施方案》的相关精神。

（2）采用新形态活页式编写形式，内容设计围绕施工员岗位的具体工作，以任务的方式引导读者学习基础理论，掌握施工准备、施工实施、质量验收等实操技能，突出情境教学、实例教学，符合教育部1+X职业技能等级认证标准。

（3）由职教专家和企业专家参与大纲审定、编写及审稿工作，确保教学内容更贴近施工实际，在知识的专业性、设计的逻辑性和内容的实用性上均有较高的标准。

本系列教材的出版是进一步提升人才培养质量，促进土建类专业发展和课程建设所做的一次开拓性尝试。相信本系列教材将为职业教育土建类专业建设和课程教学的改革发展起到积极的推动作用。

编审委员会

前　言

2022年政府工作报告中提出要有序推进碳达峰碳中和工作，落实碳达峰行动方案。建筑业是我国落实“双碳”政策的重要领域，发展装配式建筑是推进供给侧结构性改革和新型城镇化发展的重要举措，是实现绿色建造、落实“双碳”目标的重要途径。装配式建筑是指一种在工厂预制构件、在现场通过可靠连接安装建造的建筑结构。装配式建筑符合建筑业产业现代化、智能化、绿色化的发展方向，具有建造速度快、绿色环保等突出优势。

本书是依据我国现行的规程规范，结合院校师生实际能力及就业特点，根据“1+X”建筑工程施工工艺实施与管理职业技能等级证书考试大纲要求及培养土建类相关专业高素质技术技能人才的总目标来编写的。

“装配式混凝土工程施工”是一门实践性很强的课程，本书立足于职业能力的培养，对接装配式建筑施工员标准、装配式建筑职业技能大赛和“1+X”证书，主动融入智慧建造发展新趋势、新业态和新模式，以真实的工作任务为驱动，通过理虚实一体化教学，使学生掌握装配式建筑施工工艺流程，提升学生解决装配式建筑施工技术问题的综合能力。

本书编写过程中广泛查阅相关资料，结合真实项目案例，吸纳国内大型装配式施工和生产企业一线技术人员参与。同时，本书的编写力求内容精炼、图文并茂、重点突出、文字表述通俗易懂，并配有施工现场视频和动画以及教学课件，便于相关人员更好地掌握装配式建筑的知识。

本书由中铁二十局集团有限公司牵头组织、西安职业技术学院作为主要编写单位。西安三好软件技术股份有限公司提供了电子资源，并参与了大纲审定和教材审查等工作。

本书具体编写分工如下：学习情境一由西安职业技术学院王成平、陕西中天建筑工业有限公司郭庆共同编写；学习情境二由西安职业技术学院张丹、王成平编写；学习情境三由西安职业技术学院王远东、西安三好软件技术股份有限公司杨小春编写；学习情境四由西安职业技术学院王婧、西安三好软件技术股份有限公司陈映海编写；学习情境五由西安职业技术学院王婧、渭南职业技术学院王宁宁共同编写，全书由王成平统稿，中铁二十局集团总工程师任少强主审。

由于编者的水平有限，书中难免存在不足之处，敬请各位读者批评指正。

编　者

微课资源列表

页码	名称	二维码	页码	名称	二维码
7	01. 什么是装配式建筑		36	08. 案例任务中叠合板模板、钢筋图纸识读	
8	02. 装配式建筑结构体系		45	09. 模具摆放与固定（实操）	
8	03. “古代榫卯”与“装配式建筑”的异曲		47	10. 钢筋绑扎及预埋件预埋（实操）	
8	04. 装配式建筑有何优势		68	11. 外墙挂板吊装	
9	05. 装配式建筑发展历程		70	12. 剪力墙吊装前准备（实操）	
14	06. 装配式叠合板构件制作		70	13. 剪力墙吊装及质量检验（实操）(1)	
32	07. 标准图集中叠合板模板、钢筋图纸识读		70	14. 剪力墙吊装及质量检验（实操）(2)	

（续）

页码	名称	二维码	页码	名称	二维码
71	15. 现浇节点连接		99	22. 灌浆料制作及灌浆操作（实操）	
71	16. 现浇节点连接前准备（实操）		101	23. 灌浆操作中常见问题以及解决办法	
71	17. 现浇节点连接及质量检验（实操）		109	24. 施工前准备	
73	18. 吊装质量检验		113	25. 封缝防水构造类型	
94	19. 装配式建筑结构竖向连接方式		115	26. 装配式外墙接缝防水	
96	20. 装配式建筑灌浆料的主要测试方法		115	27. 预制外墙构造缝施工	
99	21. 封缝料制作及封缝操作（实操）				

目　录

学习情境一　认知装配式建筑

学习情境描述

装配式建筑是建筑行业生产方式的重大变革，也是实现绿色建造，落实碳达峰、碳中和目标的重要途径。2016 年国务院《关于大力发展装配式建筑的指导意见》明确提出“力争用 10 年左右的时间，使装配式建筑占新建建筑面积的比例达到 30%”。通过调研装配式建筑行业和企业，认知装配式建筑企业、特点、结构体系等；收集我国有关装配式建筑政策文件，认知国家和当地政府对装配式建筑的政策要求；收集我国典型装配式建筑项目，认知装配式建筑在我国发展的现状。

学习目标

通过本学习情境的学习与实践，应达到以下目标：

1. 在教师的指导下，制订出装配式建筑市场调研方案。
2. 在教师的指导下，小组成员协作完成装配式建筑企业和行业调研。
3. 认知装配式建筑企业、特点、结构体系。
4. 认知国家和当地政府对装配式建筑的政策要求。
5. 认知装配式建筑在我国的发展现状。

调研报告单

调研报告单见表 1-1。

表 1-1　调研报告单

班级		组号		日期	
调研任务：调研装配式建筑行业和企业，收集我国有关装配式建筑政策文件、标准文件和企业对人才的需求，完成装配式建筑市场调研报告					
调研报告：					

任务分组

任务分配表见表 1-2。

表 1-2　任务分配表

班级		组号		指导教师	
组长		学号			
组员	学号	姓名	任务分工		

获取信息

引导问题 1： 装配式建筑是指一种在______预制构件、在现场通过______安装建造的建筑结构。

引导问题 2： 与传统建筑模式相比较，装配式建筑具有哪些优势？

____

____

____

____

引导问题 3： 装配式建筑具有________、________、________、________、________等特点。

引导问题 4： 装配式建筑按结构材料分类，可分为________、________、________、________等。

引导问题 5： 装配式混凝土建筑按照结构体系分类，可分为__________、__________、__________、____________、____________等。

引导问题 6： 2016 年国务院《关于大力发展装配式建筑的指导意见》明确提出：“力争用______年左右的时间，使装配式建筑占新建建筑面积的比例达到______。”

引导问题 7： 装配式混凝土建筑（Assembled Building with Concrete Structure）是指建筑的结构系统由____________构成的装配式建筑。

引导问题 8： 外围护系统（Envelope System）是由________、__________、____________及其他部品部件等组合而成，用于分隔建筑室内外环境的部品部件的整体。

引导问题 9： 内装系统（Interior Decoration System）是由________、________、________、__________、__________、________和卫生间等组合而成，满足建筑空间使用要求的整体。

引导问题 10： 装配式装修（Assembled Decoration）是指采用__________，将工厂生产的内装部品在现场进行组合安装的装修方式。

引导问题 11： 装配整体式混凝土结构（Monolithic Precast Concrete Structure）是由________构件通过可靠的连接方式进行连接并与现场______、________形成整体的装配式混凝土结构。

引导问题 12： 混凝土叠合受弯构件（Concrete Composite Flexural Component）是指预制混凝土梁、板顶部在现场后浇混凝土而形成的整体受弯构件，简称______、______。

引导问题 13： 预制外挂墙板（Precast Concrete Facade Panel）是指安装在主体结构上，起____、____作用的非承重预制混凝土外墙板，简称________。

工作计划

按照收集资讯和决策过程，制定装配式建筑市场调研报告的计划，并填入表1-3中。

表1-3 装配式建筑市场调研工作方案

序号	工作内容	负责人

进行决策

根据指导教师安排，确定调研时间、调研报告等内容。

工作实施

引导问题 14：列举出近 5 年国家和所在地区出台的关于装配式建筑的政策文件，并将相关文件信息填入表 1-4 中。

表 1-4　装配式建筑政策文件汇总表

序号	时间	发布单位	文件名称	重点内容

引导问题 15：列举出近 5 年国家和所在地区出台的关于装配式建筑的标准类文件，并将相关信息填入表 1-5 中。

表 1-5　装配式建筑标准类文件汇总表

序号	时间	发布单位	文件名称

引导问题 16：调研装配式建筑施工企业或预制构件生产厂商，收集企业对装配式建筑人才的需求，并填入表 1-6 中。

表 1-6　企业调研信息表

序号	企业名称	提供岗位	素质与能力要求

引导问题 17：根据收集的信息编写装配式建筑市场调研报告（用 A4 纸打印并上交），并分组汇报调研成果。

评价反馈

评价反馈按照学习和测试情况进行打分，同时考虑职业素养，共设置 6 个评价项目。最终成绩=(项目 1 成绩+项目 2 成绩+项目 3 成绩+项目 4 成绩+项目 5 成绩)×70%+项目 6 成绩×30%，并将打分结果填入表 1-7 中。

表 1-7　综合评价表

<table>
<tr><td colspan="2">班级：</td><td>姓名：</td><td colspan="3">学号：</td></tr>
<tr><td colspan="2">学习情境一</td><td colspan="4">认知装配式建筑</td></tr>
<tr><td>项目</td><td>评价项目</td><td>评价标准</td><td>分值</td><td>得分</td><td>备注</td></tr>
<tr><td>1</td><td>装配式建筑的概念</td><td>能认知装配式建筑及其特点</td><td>10</td><td></td><td></td></tr>
<tr><td>2</td><td>装配式建筑的优势</td><td>对比传统建筑，能准确理解装配式建筑的优势</td><td>10</td><td></td><td></td></tr>
<tr><td>3</td><td>装配式建筑的结构体系</td><td>能正确认识装配式建筑结构体系，并知道各种装配式建筑结构的特点</td><td>10</td><td></td><td></td></tr>
<tr><td>4</td><td>装配式建筑发展历程</td><td>能正确认识装配式建筑发展历史，并能够理解我国发展装配式建筑的意义</td><td>10</td><td></td><td></td></tr>
<tr><td>5</td><td>装配式建筑市场调研</td><td>能够与小组成员共同完成装配式建筑市场调研，且调研报告内容完整、书写认真、数据准确</td><td>60</td><td></td><td></td></tr>
<tr><td rowspan="5">6</td><td>工作态度</td><td>态度端正，无无故缺勤、迟到、早退现象</td><td>10</td><td></td><td></td></tr>
<tr><td>工作质量</td><td>能按计划完成工作任务</td><td>10</td><td></td><td></td></tr>
<tr><td>协调能力</td><td>与小组成员之间能合作交流、协调工作</td><td>10</td><td></td><td></td></tr>
<tr><td>职业素质</td><td>能做到保护环境，爱护公共设施</td><td>10</td><td></td><td></td></tr>
<tr><td>成果展示</td><td>能准确表达、汇报工作成果</td><td>60</td><td></td><td></td></tr>
<tr><td colspan="4">合计</td><td></td><td></td></tr>
</table>

相关知识点

01. 什么是装配式建筑

知识点 1：装配式建筑的概念及分类

装配式建筑是指一种在工厂预制构件、在现场通过可靠连接安装建造的建筑结构。与传统建筑模式相比较，装配式建筑大大减少了人工作业和现场湿法作业，且融合了大量数字化技术，符合建筑业产业现代化、智能化、绿色化的发展方向。装配式建筑具有建造速度快、绿色环保等突出优势。其特点主要体现在：

（1）建筑设计标准化　装配式建筑设计是按照通用化、模数化、标准化的要求，以少规格、多组合的原则，实现了建筑及部品部件的系列化和多样化。

（2）部品生产工厂化　装配式建筑部分或全部构件由预制厂生产，部品部件的工厂化生产有助于建立完善的生产质量管理体系，设置产品标识，提高生产精度，保障产品质量。

（3）现场施工装配化　现场施工装配化是指预制构件运至现场后，用组装的方法装配成建筑物。由于现场投入了机械设备，减少了劳动用工，可有效地降低成本。同时，装配化施工受天气因素影响小，大大缩短了施工周期。

（4）结构装修一体化　装配式建筑实现全装修，内装系统与结构系统、外围护系统、设备与管线系统一体化建造设计，减少了材料现场加工对环境造成的污染。

（5）建造过程信息化　预制构件在生产运输及施工过程中，可采用一体化生产，利用 BIM 技术等信息化手段建立信息库，实现全专业、全过程的信息化管理。

装配式建筑按结构材料分类，可分为装配式混凝土结构建筑、装配式钢结构建筑、装配式木结构建筑及装配式混合建筑等。装配式混凝土建筑按照结构体系分类，可以分为框架结构、框架-剪力墙结构、剪力墙结构、框架-核心筒结构、框架-钢支撑结构等。装配式钢结构建筑按结构体系可分为钢框架结构、钢框架-支撑结构、（新型模块式）交错桁架结构、轻钢体系等。装配式木结构建筑按结构体系可分为轻型木结构、梁柱-剪力墙木结构、梁柱-支撑木结构等。装配式建筑结构体系如图 1-1 所示。

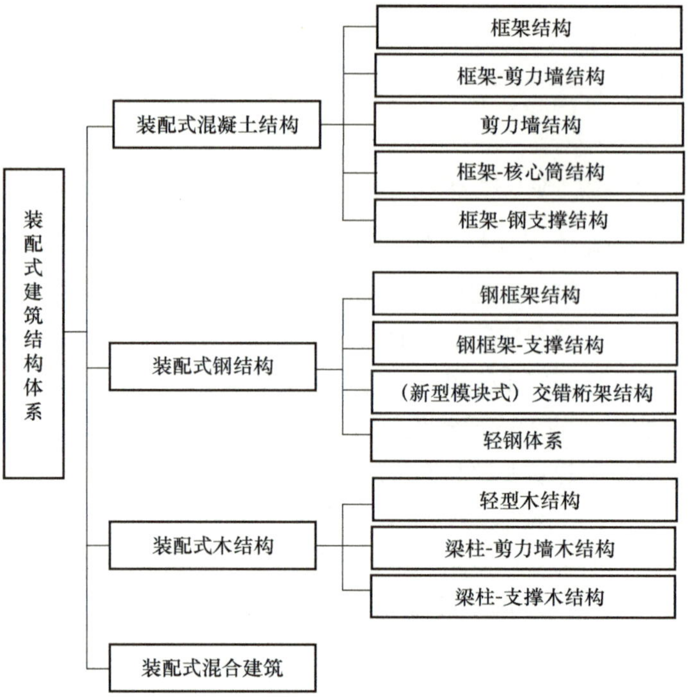

图 1-1 装配式建筑结构体系

02. 装配式建筑结构体系

03. “古代榫卯”与“装配式建筑”的异曲

04. 装配式建筑有何优势

知识点 2：装配式建筑的优势

我国建筑行业当前主要的施工模式是现场浇筑施工，这种传统的建筑施工模式存在材料浪费大、劳动成本高、施工现场管理难、环境污染严重等弊病。装配式建筑相较于传统建筑施工在建筑品质、施工工期、节能环保等方面都具有难以比拟的优势。以预制率为 35%的 30 层住宅项目为例，预制混凝土装配式建筑较传统建筑施工可节约工期 20%~45%、减少能源消耗 20%~40%、降低现场施工人数 60%~75%、降低建筑粉尘 20%~30%。装配式建筑优势主要表现在以下几方面：

（1）能够确保建筑品质　传统建造方式对人工的依赖性较高，品质监控难度大，而工业化生产的材质和装配式的建造方式更容易形成一套规范化系统，确保产品品质。

（2）能够缩短建设工期　装配式建筑的大部分构件在工厂完成，水电安装与主体安装可同步进行，整体交付时间比传统施工建筑快 30%~50%。

（3）能够实现节能环保　传统施工建筑材料浪费现象严重，建造过程还伴有粉尘、噪声、建筑垃圾等，而装配式建筑现场以干法作业为主，可有效减少能源消耗以及环境污染；另外，装配式建筑由于其可拆除的特性还可以实现重复利用。

（4）能够降低建造成本　由于装配式建筑产业配套不完善、相关技术不成熟等问题，目前装配式的建造成本略高，尤其是钢结构，依然明显高于传统施工建筑，但在人工成本逐年提升的背景下，其建造成本的下降空间远高于传统施工建筑，加之后期运维费用更低，故从建筑全生命周期角度来看，装配式建筑将具有更大的成本优势。

装配式建筑与传统施工建筑优势对比见表 1-8。

表 1-8　装配式建筑与传统施工建筑优势对比

	装配式建筑	传统施工建筑
品质	工业化方式的材质与 PC 结构在防水、防火、隔声、抗渗、防裂方面能做到更好，确保产品出厂品质	传统建造方式对于工艺质量的管控较难，人工素质不一，手工作业品质监控难度高，容易出现渗水、开裂、空鼓等质量通病
工期	大部分构件、部品在工厂流水完成，施工现场安装快速。施工进度平均 5 天完成一层，水电安装与主体装修可同步进行，实现立体交叉作业。整体交付时间比传统施工建筑快 30%~50%	较成熟的施工队可以做到一次结构工程 5 天完成一层，但还需要完成砌砖、抹灰等二次结构工程
成本	标准产品，统一设计、采购，达到 10 万 m^2 的建筑体量后，价格基本与传统建造方式持平	规划设计反复，材料造型采购不一；预算不可控因素多，目标成本难以准确制定；细分项目多，过程成本控制难度大
环保	干式施工，现场无火、无水、无尘、无味，不用焊割、水泥，不搭纱布，与传统施工建筑相比能达到节水 80%、节能 70%、节材 20%、节地 20%	材料耗量大且甲醛含量高，扬尘起灰，建筑垃圾多，噪声大，污水多

知识点 3：装配式建筑的发展历程

我国装配式建筑经历了四个阶段：开创阶段、发展阶段、低潮阶段和创新阶段。开创阶段：20 世纪 50 年代，第一个五年计划中提出借鉴苏联、东欧国家经验推行标准化、工厂化、装配式施工的房屋建筑建造方式。1955 年在北京东郊百子湾兴建北京第一个建筑构件厂。发展阶段：20 世纪 60~80 年代，多种装配式建筑体系得到快速发展。低潮阶段：20 世纪 90 年代，装配式混凝土建筑发展停滞，现浇结构应用广泛。创新阶段：2008 年至今，由于劳动力数量下降、成本的提高，建筑行业“四节一环保”可持续发展要求的提出，装配式建筑作为现代化的主要结构形式，又开始迅速发展。同时，新型材料、施工工艺、建筑信息化技术的进步为装配式建筑的发展提供了条件。

05. 装配式建筑发展历程

2016 年是装配式建筑的政策元年，《关于大力发展装配式建筑的指导意见》正式发布，该意见明确提出“力争用 10 年左右的时间，使装配式建筑占新建建筑面积的比例达到 30%”这一具体目标，之后几年内，相关部门又陆续出台了一系列施工、检测、评价等标准类文件，在政策助力下，装配式已初具规模。近年来，住房和城乡建设部等多部门再次联合发文支持建筑业转型升级，装配式建筑有望继续高速发展。

各省市有关推进装配式建筑的政策文件：《山东省装配式建筑发展规划（2018-2025）》提出“到 2025 年，装配式建筑占新建建筑比例达到 40%以上，绿色建材、装备制造、运营维护、可再生能源等配套产业协同发展，形成涵盖全产业链的产业集群”；陕西省《关于推动智能建造与新型建筑工业化协同发展的实施意见》提出“到 2025 年，新型建筑工业化政策体系和产业体系基本建立，装配式建筑占新建建筑的比例达到 30%以上，城市中心城区住宅建筑实施全装修”；《西安市装配式建筑范例城市建设工作方案》提出“到 2022 年，装配式建筑占新建建筑比例不低于 30%，到 2025 年，全市新开工装配式建筑占新建建筑比例不低于 40%”。

知识点4：装配式建筑的相关术语

1. 装配式建筑（Assembled Building）

装配式建筑是结构系统、外围护系统、设备与管线系统以及内装系统通过设计集成，全部或主要采用预制部品部件、工地装配而成的建筑。

2. 装配式混凝土建筑（Assembled Building with Concrete Structure）

装配式混凝土建筑是结构系统主要由钢筋混凝土预制构件构成的装配式建筑。

3. 建筑系统集成（Integration of Building Systems）

建筑系统集成是通过建设项目的策划和建筑设计、生产、采购、施工等的协同工作，实现建筑的结构系统、外围护系统、设备与管线系统、内装系统形成一体化建造的方法。

4. 集成设计（Integrated Design）

集成设计是采用集成思维方式来指导建筑结构系统、外围护系统、设备与管线系统、内装系统一体化的设计方法。

5. 协同设计（Collaborative Design）

协同设计是运用信息化技术手段，通过建筑、结构、设备、装修等专业相互配合满足建筑设计、生产运输、施工安装等要求的一体化设计方法。

6. 结构系统（Structure System）

结构系统是由结构构件通过可靠的连接方式装配而成，以承受或传递荷载作用的整体。

7. 外围护系统（Envelope System）

外围护系统是由建筑外墙、屋面、外门窗及其他部品部件等组合而成，用于分割建筑室内外环境的部品部件的整体。

8. 设备与管线系统（Facility and Pipeline System）

设备与管线系统是由给水排水、供暖通风空调、电气和智能化、燃气等设备与管线组合而成，满足使用功能的整体。

9. 内装系统（Interior Decoration System）

内装系统是由楼地面、墙面、轻质隔墙、吊顶、内门窗、厨房和卫生间等组合而成，满足建筑空间使用要求的整体。

10. 装配率（Assembled Ratio）

装配率是指在单体建筑规定部位中，结构系统、外围护系统、设备与管线系统、内装系统采用预制部品部件的综合比例。

11. 预制率（Precast Rate）

预制率是指在单体建筑规定部位的结构系统中，符合工业化建筑特征和要求的混凝土预制构件占全部混凝土总用量的体积比。预制率可用于表征主体结构系统的工业化程度。

12. 干式工法（Non-wet Construction）

干式工法是指现场采用干作业施工工艺的建造方法。

13. 模块（Modular Unit）

模块是指在建筑中相对独立，具有特定功能，能够通用互换的单元。

14. 部品（Part）

部品是由工厂生产，构成外围护系统、设备与管线系统、内装系统的建筑单一产品或复合产品组装而成的功能单元的统称。

15. 内装部品（Infill Components）

内装部品是由工厂生产、现场装配，构成建筑装修体的装修单元模块化部品或集成化部品。

16. 模块化部品（Modular Part）

模块化部品是由标准化、系列化部品组成，满足建筑功能的通用单元，包括整体厨房、整体卫浴、整体收纳等。

17. 集成化部品（Integrated Part）

集成化部品是由工厂生产的部品以及设备与管线等集成，主要采用干式工法装配而成的单元，包括装配式隔墙、装配式吊顶和装配式楼地面等部品。

18. 预制混凝土构件（Precast Concrete Component）

预制混凝土构件是指在工厂或现场预先生产制作的混凝土构件，简称预制构件。

19. 预制混凝土外挂墙板（Precast Concrete Facade Panel）

预制混凝土外挂墙板是安装在主体结构上，起围护、装饰作用的非承重预制混凝土墙板构件，简称外挂墙板。

20. 装配式混凝土结构（Precast Concrete Structure）

装配式混凝土结构是指由预制混凝土构件通过可靠的连接方式装配而成的混凝土结构，包括装配整体式混凝土结构、全装配混凝土结构等。

21. 装配整体式混凝土结构（Monolithic Precast Concrete Structure）

装配整体式混凝土结构是由预制混凝土构件通过可靠的方式进行连接并与现场后浇混凝土、水泥基灌浆料形成整体的混凝土结构，简称装配整体式结构。

22. 多层装配式墙板结构（Multi-story Precast Concrete Wall Panel Structure）

多层装配式墙板结构是由预制混凝土构件通过可靠的连接方式装配而成的层数不大于 6 层且房屋高度不超过 24m 的混凝土结构。

23. 钢筋套筒灌浆连接（Grout Sleeve Splicing of Rebars）

钢筋套筒灌浆连接是指在金属套筒中插入单根带肋钢筋并注入灌浆料拌合物，通过拌合物硬化形成整体并实现传力的钢筋对接连接，简称套筒灌浆连接。

24. 钢筋浆锚搭接连接（Rebar Lapping in Grout-filled Hole）

钢筋浆锚搭接连接是指在预制混凝土构件的预留孔道中插入所需搭接的钢筋，并灌注水泥基灌浆料而实现钢筋搭接的连接方式。

学习情境二　装配式混凝土建筑构件制作

学习情境描述

构件生产厂技术人员接到某工程装配式混凝土结构预制桁架钢筋混凝土叠合板生产的任务，此叠合板底板模板示意图、钢筋配筋图及相关详图如图 2-1～图 2-5 所示，钢筋配筋表见表 2-1。请根据叠合板底板模板示意图及配筋图，编制桁架叠合板构件生产施工方案，并按照图纸制作桁架叠合板构件。

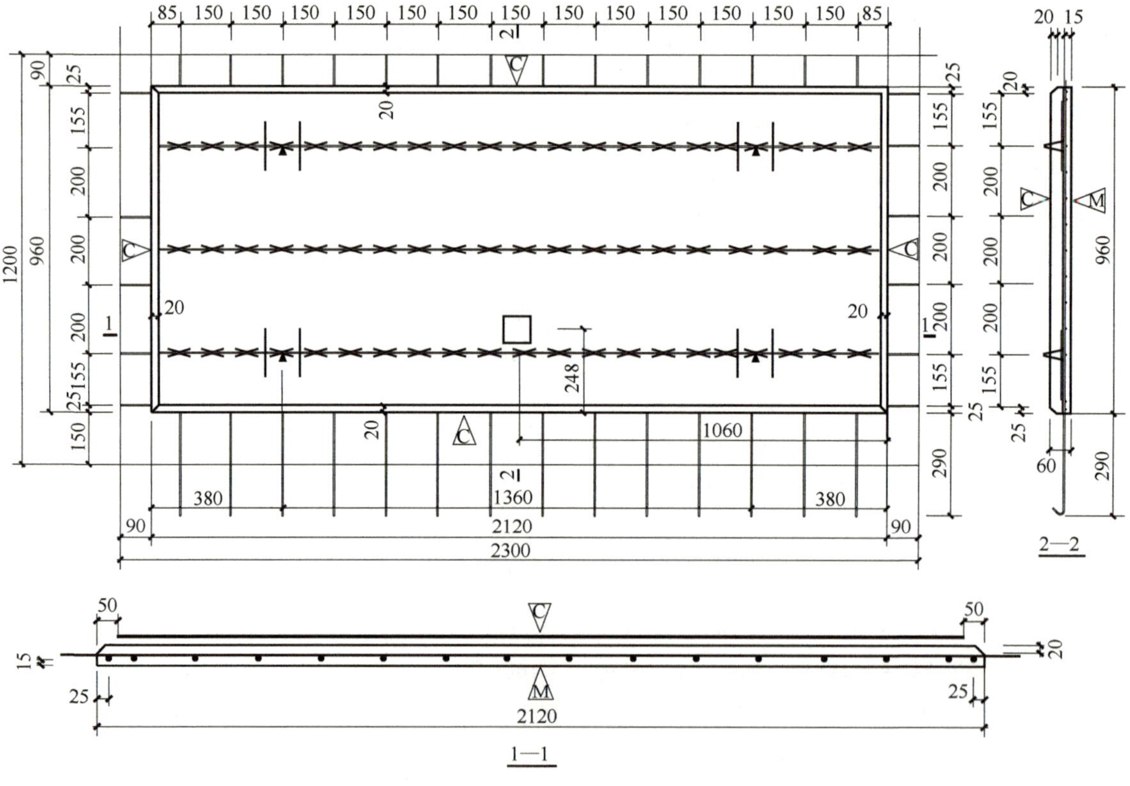

图 2-1　桁架叠合板底板模板示意图

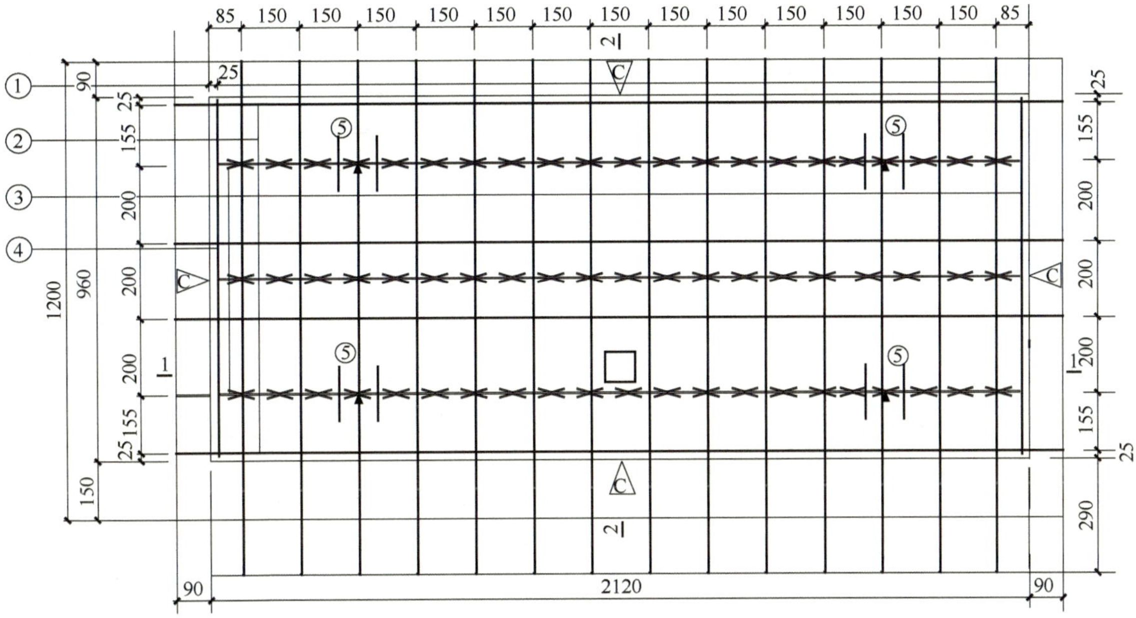

图纸说明：

1. 除特殊说明外，标注尺寸以毫米为单位，未注叠合板混凝土等级均为 C30。
2. 预制楼板顶面为人工凸凹面，平均深度不小于 4mm。
3. 预制构件吊装前需做好临时支撑，待吊装完成并调平完毕后，方可浇筑叠合层混凝土；待叠合层混凝土达到设计强度后，方可拆除支撑。
4. 叠合板上桁架筋型号采用：120mm 厚板为 A80，140mm 厚板为 A90，160mm 厚板为 A110。
5. 叠合板均为双向板设计；图例“+”表示叠合板起吊点，位置、个数需在起吊前进行复核。
6. 吊装时，吊钩应同时勾住钢筋桁架的上弦钢筋和腹筋。
7. 底板最外层钢筋混凝土保护层厚度为 15mm。
8. 本叠合板为双向板边板。

图 2-2　桁架叠合板底板钢筋配筋图

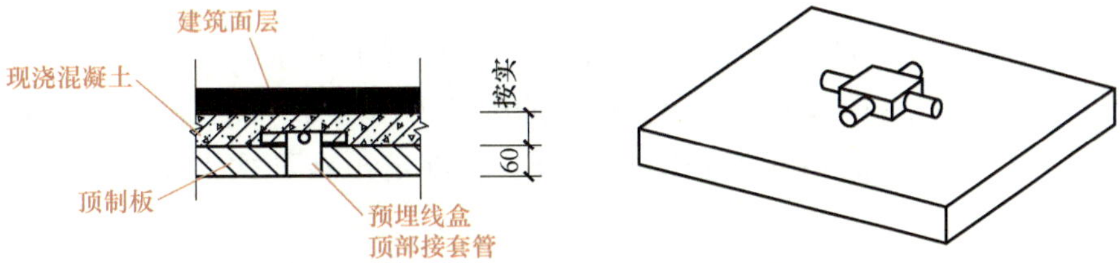

图 2-3　预制叠合板线盒埋设示意图

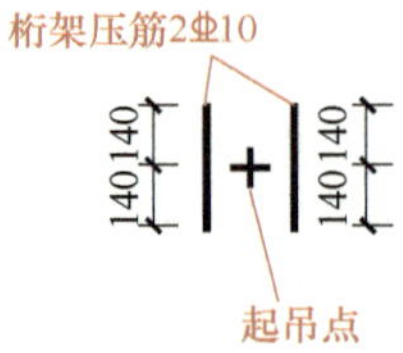

图 2-4　起吊点详图

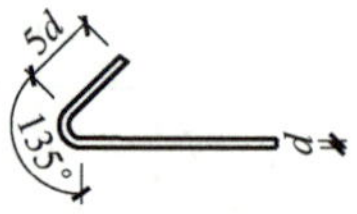

图 2-5　钢筋弯折大样

表 2-1　叠合板底板钢筋配筋表

使用部位	钢筋类型	编号	钢筋规格	数量	钢筋加工尺寸	重量/kg
底板	宽度方向	1	Φ8	14	1340　40	
底板	跨长方向	2	Φ8	4	90　2120　90	
底板	端头加固	3	Φ8	2	930	
钢筋桁架	钢筋桁架	4	A90	2		
底板	桁架加强筋	5	Φ10	8	280	

用量清单

构件类型	混凝土体积/m^3	混凝土重量/t	个数
叠合板	0.12	0.3	1

06. 装配式叠合板构件制作

学习目标

通过本学习情境的学习与实践，应达到以下目标：

1. 通过课前预习，了解生产前的准备工作内容，能正确识读施工图纸。
2. 在教师的指导下查阅相关资料，制定出装配式混凝土构件生产的施工方案。
3. 小组成员协作完成模台划线的定位点、模具组装、预埋件预留、钢筋绑扎安装。
4. 在教师的指导下完成隐蔽工程验收。
5. 各小组进行工序质量控制要点验收。
6. 在生产过程中，团结协作，精益求精，满足安全生产要求。

施工任务单

工程施工任务单见表 2-2。

表 2-2 工程施工任务单

专业班组		班长		日期	
施工任务：完成装配式混凝土结构预制桁架钢筋混凝土叠合板的生产					
检查意见：					
签章：					

任务分组

任务分配表见表 2-3。

表 2-3 任务分配表

班级		组号		指导教师	
组长		学号			
组员	学号	姓名	任务分工		

获取信息

引导问题 1：什么是预制桁架钢筋混凝土叠合板？

____

____

____

____

引导问题 2：桁架钢筋混凝土叠合板有叠合楼面板，代号________；叠合屋面板，代号________；叠合悬挑板，代号________。叠合板底板共有两种类型，分别为________、________，其中双向板底板根据其拼装位置的不同又分为________、________，本图纸中预制桁架钢筋混凝土叠合板是________板。

> **小提示**：桁架钢筋混凝土叠合板有叠合楼面板，代号 DLB；叠合屋面板，代号 DWB；叠合悬挑板，代号 DXB。

引导问题 3：预制桁架钢筋混凝土叠合板施工工艺流程有哪些？

____

____

____

____

____

引导问题 4：进行模具准备和钢筋、预埋件准备时，需要依据图纸查取哪些信息？

____

____

____

____

____

> **小提示**：在进行模具准备和钢筋、预埋件准备时，根据施工要求，需要了解模具、钢筋、预埋件的型号、尺寸大小、所需数量等，图纸的识读可参阅相关知识中识图部分内容。

引导问题 5：预制桁架钢筋混凝土叠合板制作过程中，需要准备哪些材料和工具？

> **小提示**：预制桁架钢筋混凝土叠合板制作过程中，需要准备的材料包括模具、钢筋、预埋件以及辅助材料等；需要依据模板图进行模具的选型，依据配筋图进行钢筋选型，包括规格、加工尺寸、数量；依据安装图纸进行预埋件选型以及数量的确定，预埋件包括吊件、套筒及配管、线盒、PVC 管等。
>
> 除此之外，还需要准备辅助材料，比如用于钢筋保护层预留的垫块、绑扎钢筋的扎丝以及用于模具开孔封堵的封堵材料，还有波胶、套筒固定锁等，可参阅相关知识中施工前准备的相关内容。

引导问题 6：施工前准备工作流程有哪些？质量控制要点有哪些？

引导问题 7：模具组装工艺流程有哪些？质量控制要点有哪些？

引导问题 8：钢筋绑扎与预埋件安装工艺流程有哪些？质量控制要点有哪些？

> **小提示**：可参阅相关知识中施工前准备、模具组装、钢筋绑扎与预埋件安装的相关内容。

引导问题 9：在施工中应该注意的安全事项有哪些？

工作计划

按照收集资讯和决策过程，制定预制桁架钢筋混凝土叠合板构件生产计划，并填入表 2-4 中。

表 2-4　桁架钢筋混凝土叠合板构件生产方案

序号	项目名称	工作内容	负责人
1	识图		
2	施工前准备		
3	模具组装		
4	钢筋绑扎与预埋件安装		
5	工完料清		

进行决策

检查施工前任务准备情况，决定施工时间、确定预制桁架钢筋混凝土叠合板制作流程，准备施工。

工作实施

引导问题 10：识读图纸，根据模具图、钢筋配筋图、预埋件安装图完成图纸交底工作，并填表 2-5。

表 2-5　图纸交底表

<table>
<tr><th>序号</th><th>图纸名称</th><th>内容</th><th>识图信息</th></tr>
<tr><td rowspan="2">1</td><td rowspan="2">桁架叠合板底板模板示意图</td><td>模具</td><td>模板长度为 ______ mm，宽度为 ______ mm，叠合板底板为 ________ 板，底板厚度为 ______ mm，后浇叠合层混凝土厚度为 ____ mm，叠合板的上面板边倒直角，水平距离为 ______ mm，竖直距离为 ______ mm</td></tr>
<tr><td>预埋件</td><td>预埋线盒：中心位置水平距离模具边缘 ____ mm，垂直距离模具边缘 ____ mm，数量 ____；
垫块：厚度 ____ mm，间距 ____ mm</td></tr>
<tr><td rowspan="5">2</td><td rowspan="5">桁架叠合板底板配筋图</td><td>横向水平分布筋</td><td>数量 ____ 根，直径为 ____ mm 的 ____ 级钢，加工尺寸为 ____ mm。钢筋摆放间距 ______ mm，左右第一根距模具边缘 ______ mm 开始布置。上端伸出模具边缘 ______ mm，下端伸出模具边缘 ______ mm，拼缝定位线距离模具边缘 ______ mm</td></tr>
<tr><td>纵向水平分布筋</td><td>数量 ____ 根，直径为 ____ mm 的 ____ 级钢，加工尺寸为 ____ mm。桁架间钢筋摆放间距 ______ mm，第一根距模具边缘 ______ mm 开始布置，左右两端各伸出模具边缘 _______ mm</td></tr>
<tr><td>端头加固钢筋</td><td>数量 ____ 根，直径为 ____ mm 的 ____ 级钢，加工尺寸为 ____ mm。距模具边缘 ______ mm 布置，外伸长度为 ______ mm</td></tr>
<tr><td>桁架</td><td>数量 ____ 根，上弦钢筋公称直径 ____ mm，下弦钢筋公称直径 ________ mm，腹杆钢筋公称直径 ____ mm，桁架设计高度为 ____ mm，长度为 ______ mm，桁架中心线距离板边 ____ mm，两桁架中心间距 ____ mm，两端距离模具边缘 ______ mm</td></tr>
<tr><td>桁架加强筋</td><td>数量 _____ 根，直径为 ____ mm 的 ____ 级钢，加工尺寸为 ______ mm。吊点位置距离模具边缘 ______ mm 处的最近的上弦节点处，设置 ____ 处</td></tr>
</table>

小提示：

1. 图 2-1 中 C 代表粗糙面，M 代表模板面。预制底板与后浇混凝土叠合层之间的结合面及四个侧面均应设置粗糙面，底面为模板面。底板与后浇混凝土叠合层之间的结合面应做成凹凸深度不小于 4mm 的人工粗糙面，粗糙面的面积不宜小于结合面的 80%。

2. 叠合板底板厚度为 60mm，后浇叠合层厚度有 70mm、80mm、90mm 三种，与桁架的规格有关系，图集中钢筋桁架共 6 种规格，A90 代表钢筋桁架上弦钢筋公称直径为 8mm，共一根，下弦钢筋公称直径为 8mm，共两根，间距 80mm，腹杆钢筋公称直径 6mm，共两根，桁架设计高度为 90mm，叠合层厚度为 80mm，因此本图纸叠合板总厚度为 140mm。

3. 钢筋保护层厚度为 15mm，垫块厚度取 15mm 即可，每间隔 500mm 放置一个垫块。

引导问题 11：根据图纸要求，准备工具和材料，并将名称、型号与规格、数量等填写至工具、材料清单表，见表 2-6。

表 2-6 工具、材料清单表

序号	名称	型号与规格	单位	数量	备注

小提示：根据“1+X”装配式建筑构件制作与安装职业技能等级证书考试科目二实操考核要求，拿取工具要一次到位，若后面操作过程发现工具、模具、钢筋、埋件、辅材等型号和数量有误，则相应项目会扣分。

引导问题 12：根据施工工艺流程完成本次任务施工，并填写施工日志，见表 2-7。

表 2-7　施工日志

编号：

日期	年　月　日	施工部位			
天气状况		风力		最高/最低温度	
突发事件					
生产情况记录：（施工项目内容、机械作业、班组工作、生产存在问题等）					
技术质量安全工作记录：（技术质量安全活动，技术质量安全问题、检查验收情况等）					
工程负责人			记录人		

引导问题 13：根据实际测量数据，规范填写模具组装质量检验表，见表 2-8。

表 2-8　模具组装质量检验表

<table>
<tr><td colspan="2">工程名称</td><td colspan="3"></td><td>构件模具名称</td><td></td></tr>
<tr><td colspan="2">生产班组</td><td colspan="3"></td><td>检验员</td><td></td></tr>
<tr><td colspan="2">检查项目</td><td colspan="3">质量检验标准的规定</td><td colspan="2">生产单位检验记录</td></tr>
<tr><td colspan="2" rowspan="4">模具基本检验</td><td colspan="2">使用工具</td><td>使用工具正确</td><td colspan="2"></td></tr>
<tr><td colspan="2">模具选型检验</td><td>模具选型合理、数量准确</td><td colspan="2"></td></tr>
<tr><td colspan="2">模具内杂物清理、涂刷隔离剂</td><td>杂物清理干净，隔离剂涂刷均匀，严禁滴洒在钢筋、预埋件上</td><td colspan="2"></td></tr>
<tr><td colspan="2">模具固定检验</td><td>磁盒固定牢固、无松动；相邻模具固定牢固、无松动</td><td colspan="2"></td></tr>
<tr><td rowspan="11">模具组装尺寸检验</td><td colspan="3">模具组装检验</td><td>数量符合图纸组装要求，不漏装</td><td colspan="2"></td></tr>
<tr><td rowspan="10">允许偏差/mm</td><td rowspan="3">长度</td><td>≤6m</td><td>1，-2</td><td colspan="2" rowspan="3"></td></tr>
<tr><td>>6m 且≤12m</td><td>2，-4</td></tr>
<tr><td>>12m</td><td>3，-5</td></tr>
<tr><td colspan="2">宽度、高（厚）度</td><td>1，-2</td><td colspan="2"></td></tr>
<tr><td colspan="2">底模表面平整度</td><td>2</td><td colspan="2"></td></tr>
<tr><td colspan="2">对角线差</td><td>3</td><td colspan="2"></td></tr>
<tr><td colspan="2">侧向弯曲</td><td>$L/1500$ 且≤5</td><td colspan="2"></td></tr>
<tr><td colspan="2">翘曲</td><td>$L/1500$</td><td colspan="2"></td></tr>
<tr><td colspan="2">组装缝隙</td><td>1</td><td colspan="2"></td></tr>
<tr><td colspan="2">模具间高低差</td><td>1</td><td colspan="2"></td></tr>
<tr><td colspan="7">验收记事：</td></tr>
<tr><td colspan="7">构件生产单位内部质检放行结论</td></tr>
<tr><td colspan="3">班组长：

年　月　日</td><td colspan="2">生产负责人：

年　月　日</td><td colspan="2">质检负责人：

年　月　日</td></tr>
</table>

引导问题 14：根据实际测量数据，规范填写钢筋隐蔽工程检查表，见表 2-9。

表 2-9　钢筋隐蔽工程检查表

工程名称				构件名称	
生产班组				检验员	
检查项目			质量检验标准的规定		生产单位检验记录
钢筋基本检验			使用工具	使用工具正确	
			放置垫块	每间隔 500mm 放置一个垫块	
			钢筋选型检验	钢筋选型合理、数量准确	
			钢筋清理	钢筋清理干净	
			钢筋摆放	钢筋摆放位置正确，不漏摆钢筋	
			钢筋绑扎检验	绑扎牢固	
钢筋成品尺寸检验	允许偏差/mm	使用工具		钢卷尺	
		钢筋网片	长、宽	±5	
			网眼尺寸	±10	
			对角线	5	
			端头不齐	5	
		钢筋骨架	长	0，−5	
			宽	±5	
			高（厚）	±5	
			主筋间距	±10	
			主筋排距	±5	
			箍筋间距	±10	
			弯起点位置	15	
			端头不齐	5	
		保护层		±3	
		桁架筋	长度	总长度的±0.3%，且不超过±10	
			高度	+1，−3	
			宽度	±5	
			扭翘	≤5	
验收记事：					
构件生产单位内部质检放行结论					
班组长： 年　月　日		生产负责人： 年　月　日		质检负责人： 年　月　日	

引导问题 15：根据实际测量数据，规范填写预埋件检查表，见表 2-10。

表 2-10　预埋件检查表

<table>
<tr><td colspan="2">工程名称</td><td colspan="3"></td><td>构件编号</td><td></td></tr>
<tr><td colspan="2">生产班组</td><td colspan="3"></td><td>检验员</td><td></td></tr>
<tr><td colspan="2">检查项目</td><td colspan="3">质量检验标准的规定</td><td colspan="2">生产单位检验记录</td></tr>
<tr><td colspan="2" rowspan="3">预埋件基本检验</td><td colspan="2">使用工具</td><td>使用工具正确</td><td colspan="2"></td></tr>
<tr><td colspan="2">预埋件选型检验</td><td>预埋件选型合理、数量准确</td><td colspan="2"></td></tr>
<tr><td colspan="2">预埋件固定检验</td><td>安装牢固、无松动</td><td colspan="2"></td></tr>
<tr><td rowspan="16">预埋件位置检验</td><td colspan="3">预埋件固定</td><td>预埋件固定数量符合图纸要求，不漏放</td><td colspan="2"></td></tr>
<tr><td rowspan="15">允许偏差/mm</td><td colspan="2">使用工具</td><td>钢卷尺</td><td colspan="2"></td></tr>
<tr><td rowspan="2">预埋钢板</td><td>中心线位置偏差</td><td>5</td><td colspan="2"></td></tr>
<tr><td>平面高差</td><td>0，-5</td><td colspan="2"></td></tr>
<tr><td rowspan="2">预埋螺栓</td><td>中心线位置偏移</td><td>2</td><td colspan="2"></td></tr>
<tr><td>外露长度</td><td>+10，-5</td><td colspan="2"></td></tr>
<tr><td rowspan="2">预埋线盒、电盒</td><td>在构件平面的水平方向中心位置偏差</td><td>10</td><td colspan="2"></td></tr>
<tr><td>与构件表面混凝土高差</td><td>0，-5</td><td colspan="2"></td></tr>
<tr><td rowspan="2">预留孔</td><td>中心线位置偏移</td><td>5</td><td colspan="2"></td></tr>
<tr><td>孔尺寸</td><td>±5</td><td colspan="2"></td></tr>
<tr><td rowspan="2">预留洞</td><td>中心线位置偏移</td><td>5</td><td colspan="2"></td></tr>
<tr><td>孔尺寸</td><td>±5</td><td colspan="2"></td></tr>
<tr><td rowspan="2">预留插筋</td><td>中心线位置偏移</td><td>3</td><td colspan="2"></td></tr>
<tr><td>外露长度</td><td>±5</td><td colspan="2"></td></tr>
<tr><td rowspan="2">吊环、木砖</td><td>中心线位置偏移</td><td>10</td><td colspan="2"></td></tr>
<tr><td>留出高度</td><td>0，-10</td><td colspan="2"></td></tr>
<tr><td colspan="7">验收记事：</td></tr>
<tr><td colspan="7">构件生产单位内部质检放行结论</td></tr>
<tr><td colspan="3">班组长：
年　月　日</td><td colspan="2">生产负责人：
年　月　日</td><td colspan="2">质检负责人：
年　月　日</td></tr>
</table>

小提示：综合考虑设备和模具匹配精度问题，建议适当放大允许误差范围 2~3 倍，但构件实际生产过程中允许误差范围严格按照国家标准执行。参照标准《装配式混凝土建筑技术标准》（GB/T 51231—2016）。

评价反馈

评价反馈按照实际施工验收标准进行打分，同时考虑职业素养，共设置 8 个评价项目，最终成绩=(项目 1 成绩+项目 2 成绩+项目 3 成绩+项目 4 成绩+项目 5 成绩+项目 6 成绩+项目 7 成绩)×70%+项目 8 成绩×30%，并将打分结果填入表 2-11 中。

表 2-11　综合评价表

班级：			姓名：		学号：		
学习情境二		装配式混凝土建筑构件制作					
项目	生产过程	具体内容		评分标准	分值	得分	备注
1	生产前准备	劳保用品准备	佩戴安全帽	内衬圆周大小调节到头部稍有约束感为宜。下颚带应紧贴下颚，松紧以下颚有约束感，但不难受为宜	3		
			穿戴劳保工装、防护手套	劳保工装应“统一、整齐、整洁”，并做好“三紧”，即领口紧、袖口紧、下摆紧；严禁卷袖口、卷裤腿等现象，必须正确佩戴手套，方可进行施工	3		
		工具准备	根据生产工艺选择工具	工具选择合理、数量准确	2		
		卫生检查及清理	生产场地卫生检查及清扫，模台清理	正确使用工具（扫把）清理模台，场地、模台干净清洁	2		
2	识图与备料	模具准备	依据图纸进行模具选型	使用工具（钢卷尺）量取对应模具，保证模具选型合理、数量准确	3		
			模具选型检验	正确使用检验工具（钢卷尺），按照图纸检验模具型号是否正确，若不正确，返回上一工序	3		
			模具清理	正确使用工具（抹布）清理模具	3		

（续）

项目	生产过程	具体内容		评分标准	分值	得分	备注
2	识图与备料	钢筋准备	依据图纸进行钢筋选型（规格、加工尺寸、数量）	正确使用工具（钢卷尺、游标卡尺），领取钢筋，保证型号、数量正确	3		
			钢筋选型检验	正确使用工具（钢卷尺、游标卡尺），根据图纸钢筋表检验钢筋型号是否正确，若不正确，返回上一工序	3		
			钢筋清理	正确使用工具（抹布）清理钢筋	2		
		埋件准备	依据图纸进行埋件选型（吊件、套筒及配管、线盒、PVC管等）及数量的确定	埋件选型合理、数量准确	3		
			埋件选型检验	肉眼观察型号是否符合图纸要求	3		
		辅材准备	根据图纸进行辅材选型（扎丝、垫块、波胶、套筒固定锁等）及数量的确定	辅材选型合理、数量准确	2		
3	模具摆放与固定	依据图纸在模台上进行划线		正确使用划线工具（墨盒、钢卷尺、角尺、铅笔），线盒加水，规范划线	3		
		依据模台划线位置进行模具摆放		根据划线正确摆放模具	3		
		模具初固定		正确使用工具（扳手、螺栓），相邻模具初固定	3		
		模具测量校正		正确使用工具（钢卷尺、塞尺、钢直尺、橡胶锤等），检测模具组装长（高）度误差范围（2mm，±2mm）、宽度误差范围（2mm，0）、厚度误差范围（1mm，-1mm）、对角线误差范围（3mm，0）、组装缝隙误差范围（1mm，0）、模具间高低差误差范围（0.5mm），若超出误差范围则用橡胶锤进行调整	3		
		模具终固定操作		正确使用工具（橡胶锤、磁盒、扳手），依次终固定螺栓和磁盒，磁盒固定牢固，无松动。相邻模具固定牢固、无松动	3		

（续）

项目	生产过程	具体内容	评分标准	分值	得分	备注
3	模具摆放与固定	模具固定检验	正确使用检验工具（橡胶锤）检验模具固定是否牢固。若不牢固，返回上一操作	3		
		模台、模具涂刷脱模剂/缓凝剂	正确使用工具（滚筒），先涂刷模具，再涂刷模台。模台涂刷脱模剂，叠合板模具涂刷缓凝剂	3		
		模具组装质量检验表填写	根据实际测量数据，规范填写“模具组装质量检验表”	2		
4	预埋件预埋	依据图纸进行预埋件摆放	正确选择预埋件并摆放，预埋件位置符合图纸要求	2		
		预埋件固定	正确选择工具［扳手、扎钩（如有）、工装（如有）］和材料［扎丝、橡胶预埋块（如有）］固定埋件。安装牢固、无松动。安装位置符合规范要求。-20mm≤安装位置≤20mm	3		
		预埋件位置检验	正确使用工具（钢卷尺）检验预埋件位置是否符合图纸及规范要求	3		
		预埋件固定检验	检验预埋件固定是否牢固无松动。若不满足，返回上一操作	2		
		预埋件检查表填写	根据实际测量数据，规范填写“预埋件检查表”	2		
5	钢筋绑扎	放置垫块	正确使用材料（垫块），每间隔500mm放置一个垫块	2		
		依据图纸进行钢筋摆放（受力钢筋、分布钢筋、附加钢筋）	按照图纸进行受力钢筋、分布钢筋、附加钢筋摆放，正确使用工具（钢卷尺、长度校正工具）摆放校正	3		
		钢筋绑扎	正确使用工具（扎钩、钢卷尺）和材料（扎丝），规范要求四边满绑，中间600mm梅花边绑扎，随时调整钢筋位置，保证绑扎牢固，误差在规范范围内	3		
		钢筋成品尺寸检验	正确使用工具（钢卷尺），根据图纸检验钢筋间距和外露钢筋是否符合要求。钢筋间距误差范围（10mm，-10mm），外露钢筋长度误差范围（5mm，0）	3		
		钢筋隐蔽工程检查表填写	根据实际测量数据，规范填写“钢筋隐蔽工程检查表”	2		
		模具开孔封堵	正确使用材料（封堵材料），封堵模具侧孔	2		

（续）

项目	生产过程	具体内容	评分标准	分值	得分	备注
6	工完料清	拆解复位埋件	正确使用工具（扳手）依据先装后拆的原则拆除埋件，并将埋件放置原位	2		
		拆解复位钢筋	正确使用工具（钢丝钳）依据先装后拆的原则拆除钢筋，并放置原位	2		
		拆解复位模具	正确使用工具（扳手、撬棍）依据先装后拆的原则拆除磁盒、螺栓，并将模具、磁盒、螺栓放置原位	2		
		工具入库	清点工具，对需要保养的工具（如工具污染、损坏）进行保养或交于工作人员处理	2		
		材料回收	回收可再利用的材料，放置原位，分类明确，摆放整齐	2		
		场地清理	正确使用工具（扫把）清理模台和地面，不得有垃圾（扎丝），清理完毕后归还清理工具	2		
7	安全生产	生产过程中严格按照安全文明生产规定操作，无恶意损坏工具、原材料且无因操作失误造成人员伤害等行为	出现严重损坏设备、伤人事件，判定操作人员不合格	3		
8	职业素养	工作态度	态度端正，没有无故缺勤、迟到、早退现象	20		
		工作质量	能按计划完成工作任务	20		
		协调能力	与小组成员之间能合作交流、协调工作	20		
		职业素质	能做到保护环境，爱护公共设施	20		
		创新意识	通过完成施工任务，能够总结归纳施工控制要点，从而改良施工操作方法，提高产品质量	20		
合计						

小提示：综合考虑设备和模具匹配精度问题，建议实训时适当放大允许误差范围2~3倍，但构件实际生产过程中允许误差范围严格按照国家标准执行。参照标准《装配式混凝土建筑技术标准》（GB/T 51231—2016）。

相关知识点

知识点 1：装配式混凝土建筑构件制作识图

一、预制桁架钢筋混凝土叠合板

1. 概念

预制桁架钢筋混凝土叠合板是由预制底板和现浇钢筋混凝土层叠合而成的装配整体式楼板，也可以称为半预制体系，有叠合楼面板（DLB）、叠合屋面板（DWB）和叠合悬挑板（DXB）等。预制桁架钢筋混凝土叠合板结合了预制混凝土和现浇混凝土各自的优点，其整体性好，板的上下表面平整，便于饰面层装修，适用于对整体刚度要求较高的高层建筑和大开间建筑。

预制桁架钢筋混凝土叠合板是常用的叠合楼盖形式，叠合板底板根据受力性能分为两种类型，单向受力叠合板用底板（单向板底板）和双向受力叠合板用底板（双向板底板），其中双向板底板根据其拼装位置的不同又分为双向板底板边板和双向板底板中板，见《桁架钢筋混凝土叠合板（60mm 厚底板）》（15G366—1）。常用的预制桁架叠合板底板如图 2-6 所示。

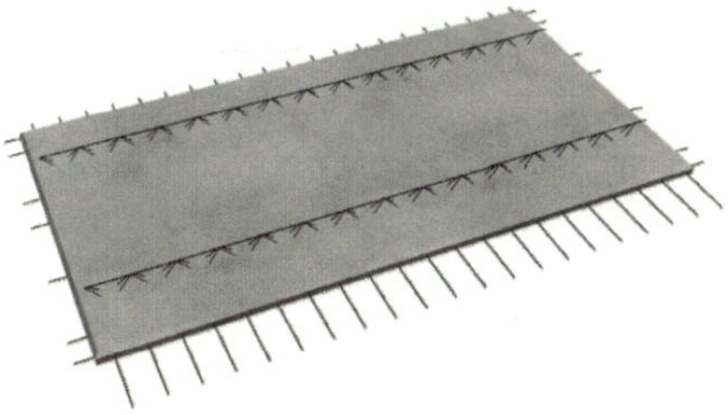

图 2-6 预制桁架叠合板底板

2. 构造要求

根据《桁架钢筋混凝土叠合板（60mm 厚底板）》（15G366—1）图集，叠合板底板厚度均为 60mm，后浇混凝土叠合层厚度有 70mm、80mm、90mm 三种，底板及现浇混凝土等级均为 C30。

预制桁架钢筋混凝土叠合板底板钢筋包括钢筋桁架和钢筋网片，钢筋桁架由钢筋焊接而成，分为弦杆（3 根）和腹杆（2 根），其中弦杆又分为上弦杆（1 根）和下弦杆（2 根），桁架沿受力方向布置，距板边不应大于 300mm，间距为 600mm。底板板筋为网片状，宽度方向水平筋位于长度方向水平筋的下层，桁架下弦钢筋与长度方向水平筋同层，如图 2-7 所示。

底板钢筋及桁架的上弦、下弦钢筋采用 HRB400 级热轧钢筋。钢筋桁架的腹杆钢筋采用 HPB300 级热轧光圆钢筋。底板最外层的钢筋保护层厚度为 15mm。

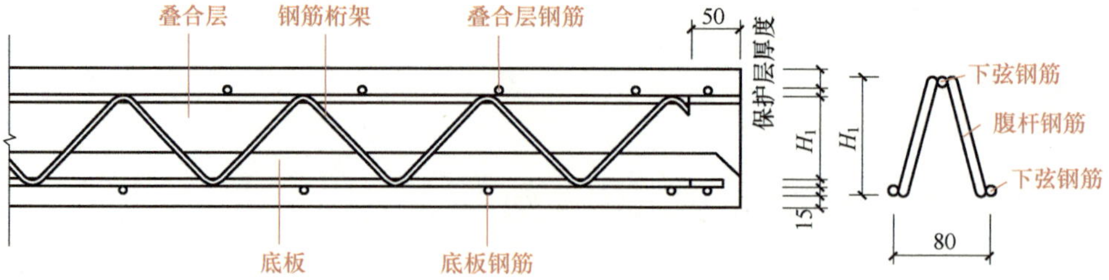

图 2-7 预制桁架叠合板剖面图

单向板短方向钢筋不需伸出混凝土，双向板短方向钢筋需伸出混凝土锚入梁或墙的后浇混凝土中或与相邻板对接连接。

叠合板的吊点需查阅《桁架钢筋混凝土叠合板（60mm 厚底板）》（15G366—1）图集进行设置。与吊点相邻的两个下弦节点处需放置垂直于钢筋桁架的桁架加强筋，常用 2 ⏀ 10，长度为 280mm。

考虑到后浇混凝土与预制板的连接以及预制板的拼缝，叠合板的板边需做成倒角形式，如图 2-8 和图 2-9 所示。

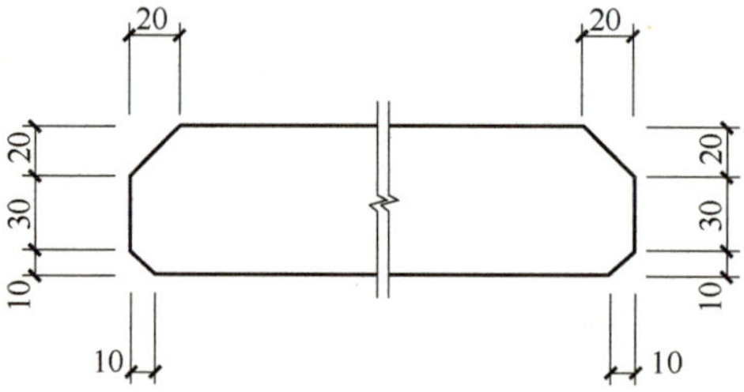

图 2-8 单向板断面图

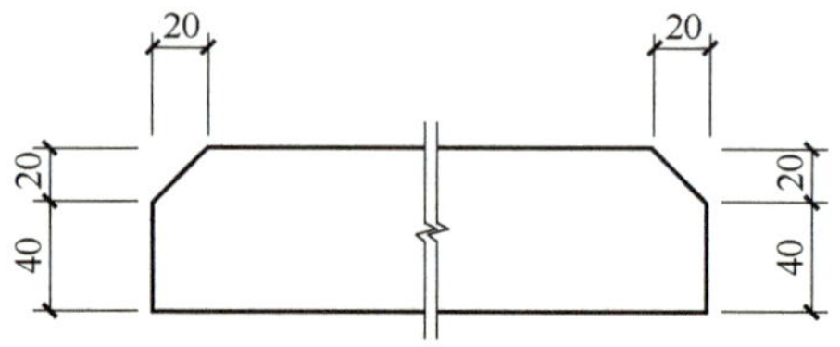

图 2-9 双向板断面图

3. 编号及规格

（1）双向叠合板用底板编号及规格（图 2-10、表 2-12）

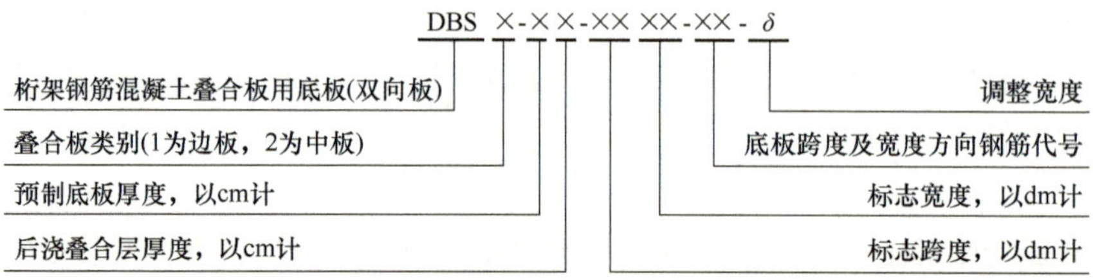

图 2-10 双向叠合板用底板编号

表 2-12　双向板底板跨度方向、宽度方向钢筋代号组合表

宽度方向钢筋	跨度方向钢筋			
	Φ8@200	Φ8@150	Φ10@200	Φ10@150
Φ8@200	11	21	31	41
Φ8@150	—	22	32	42
Φ8@100	—	—	—	43

【例 2-1】　底板编号 DBS1-67-3620-31，表示双向受力叠合板用底板，拼装位置为边板，预制底板厚度为 60mm，后浇混凝土叠合层厚度为 70mm，预制底板的标志跨度为 3600mm，预制底板的标志宽度为 2000mm，底板跨度方向配筋为Φ10@200，底板宽度方向配筋为Φ8@200。

【例 2-2】　底板编号 DBS2-67-3620-31，表示双向受力叠合板用底板，拼装位置为中板，预制底板厚度为 60mm，后浇混凝土叠合层厚度为 70mm，预制底板的标志跨度为 3600mm，预制底板的标志宽度为 2000mm，底板跨度方向配筋为Φ10@200，底板宽度方向配筋为Φ8@200。

双向板底板标志宽度有：1200mm、1500mm、1800mm、2000mm、2400mm。边板实际宽度等于标志宽度−240mm，中板实际宽度等于标志宽度−300mm，见表 2-13。双向板底板标志跨度按 300mm 递增，从 3000mm 到 6000mm 共 11 种跨度，实际跨度等于标志跨度−180mm，见表 2-14。

表 2-13　双向板底板宽度

标志宽度/mm	1200	1500	1800	2000	2400
边板实际宽度/mm	960	1260	1560	1760	2160
中板实际宽度/mm	900	1200	1500	1700	2100

表 2-14　双向板底板跨度

标志跨度/mm	3000	3300	3600	3900	4200	4500
实际跨度/mm	2820	3120	3420	3720	4020	4320
标志跨度/mm	4800	5100	5400	5700	6000	—
实际跨度/mm	4620	4920	5220	5520	5820	—

（2）单向叠合板用底板编号及规格（图 2-11、表 2-15）

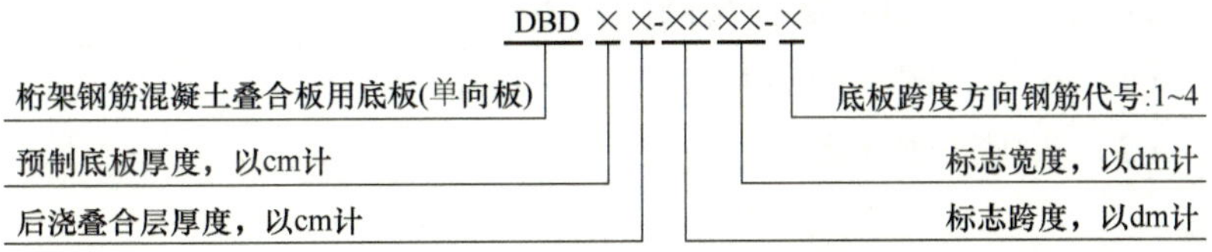

图 2-11　单向叠合板用底板编号

表 2-15　单向板底板跨度方向、宽度方向钢筋代号组合表

代号	1	2	3	4
受力钢筋规格及间距	Φ8@200	Φ8@150	Φ10@200	Φ10@150
分部钢筋规格及间距	Φ6@200	Φ6@200	Φ6@200	Φ6@200

【例 2-3】　底板编号 DBD67-3620-2，表示单向受力叠合板用底板，预制底板厚度为 60mm，后浇叠合层厚度为 70mm，预制底板的标志跨度为 3600mm，预制底板的标志宽度为 2000mm，底板跨度方向配筋为Φ8@150。

单向板底板标志宽度有：1200mm、1500mm、1800mm、2000mm、2400mm，实际宽度与标志宽度相同，见表 2-16。单向板底板标志跨度按 300mm 递增，从 2700mm 到 4200mm 共 6 种跨度，实际跨度等于标志跨度−180mm，见表 2-17。

表 2-16　单向板底板宽度

标志宽度/mm	1200	1500	1800	2000	2400
实际宽度/mm	1200	1500	1800	2000	2400

表 2-17　单向板底板跨度

标志跨度/mm	2700	3000	3300	3600	3900	4200
实际跨度/mm	2520	2820	3120	3420	3720	4020

（3）钢筋桁架规格及编号　《桁架钢筋混凝土叠合板（60mm 厚底板）》（15G366—1）图集中钢筋桁架有 6 种规格，见表 2-18。钢筋桁架设计高度为相应的叠合层厚度+10mm，A 级和 B 级的差别在于上弦钢筋的直径，钢筋桁架的选用详见图集中底板参数表。

表 2-18　钢筋桁架规格及代号

桁架代号	上弦钢筋公称直径/mm	下弦钢筋公称直径/mm	腹杆钢筋公称直径/mm	桁架设计高度/mm	60mm 厚底板叠合层厚度/mm
A80	8	8	6	80	70
A90	8	8	6	90	80
A100	8	8	6	100	90
B80	10	8	6	80	70
B90	10	8	6	90	80
B100	10	8	6	100	90

07. 标准图集中叠合板模板、钢筋图纸识读

4. 图集实例

以 DBS1-67-3012-32 板为例进行图纸识读。

（1）板模板图（图 2-12）

（2）板配筋图（图 2-13）

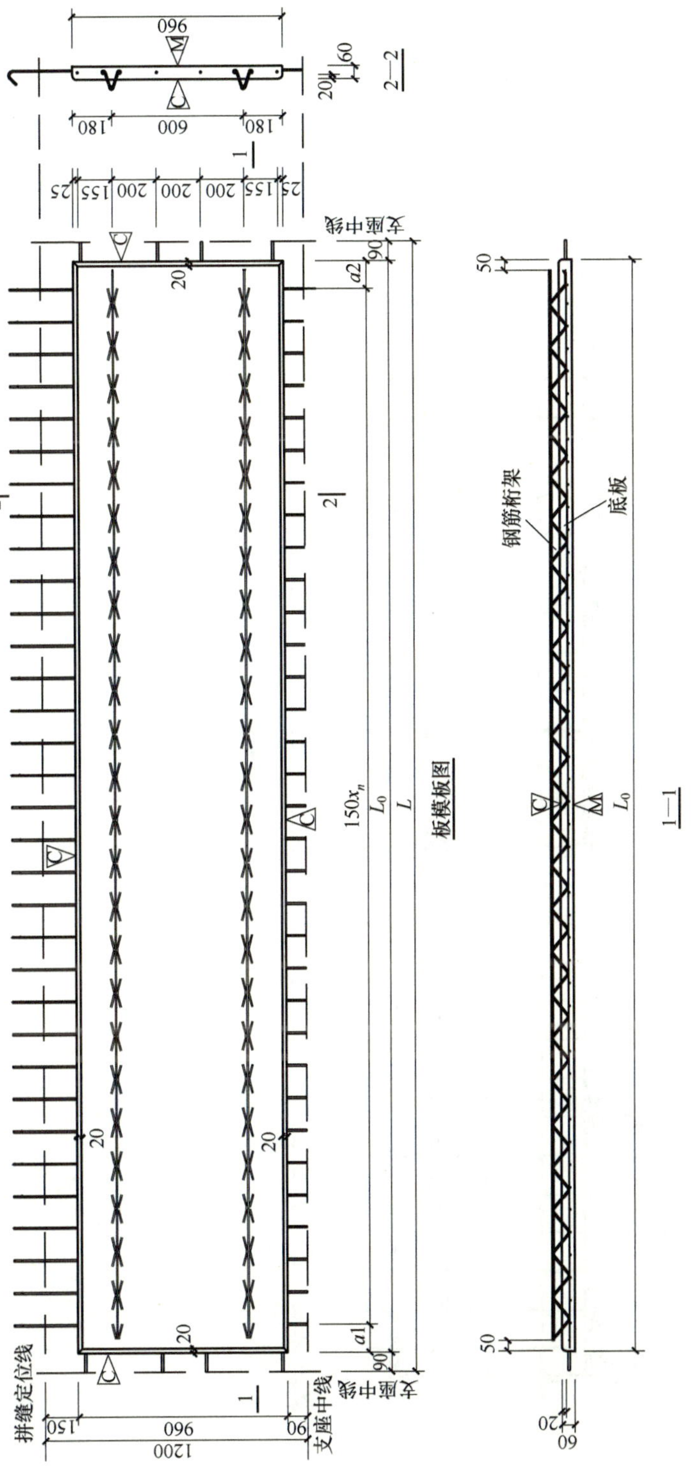

图 2-12　DBS1-67-3012-32 板模板图

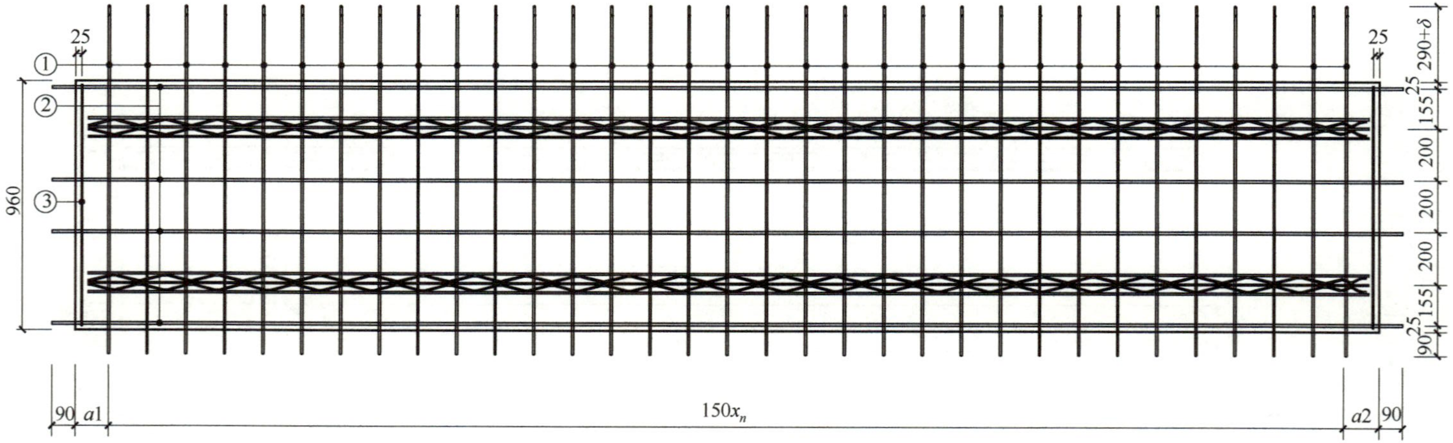

板配筋图

图 2-13　DBS1-67-3012-32 板配筋图

注：1. δ 由设计人员确定。

2. ①号钢筋弯钩角度为 135°，弯弧内直径 D 为 32mm，弯钩平直段长度为 40mm。

3. ②号钢筋位于①号钢筋上层，桁架下弦钢筋与②号钢筋同层。

4. 倒角尺寸见《桁架钢筋混凝土叠合板（60mm 厚底板）》（15G366—1）图集第 81 页。

5. 吊点位置及附加钢筋见《桁架钢筋混凝土叠合板（60mm 厚底板）》（15G366—1）图集第 67~80 页。

（3）底板参数表（表 2-19）

表 2-19　预制桁架叠合板底板参数表

底板编号	L_0 /mm	$a1$ /mm	$a2$ /mm	n	桁架型号			混凝土体积/m^3	底板自重/t
					编号	长度/mm	质量/kg		
DBS1-67-3012-32					A80		4.79		
DBS1-68-3012-32	2820	80	40	18	A90	2720	4.87	0.162	0.406
DBS1-69-3012-32					A100		4.95		
…	…	…	…	…	…	…	…	…	…

（4）底板配筋表（表 2-20）

表 2-20　底板配筋表

底板编号（X 代表 7、8、9）	①			②			③		
	规格	加工尺寸	根数	规格	加工尺寸	根数	规格	加工尺寸	根数
DBS1-6X-3012-32	Φ8	1340+δ 40	19	Φ10	3000	4	Φ6	910	2
DBS1-6X-3312-32	Φ8	1340+δ 40	21	Φ10	3300	4	Φ6	910	2
DBS1-6X-3612-32	Φ8	1340+δ 40	23	Φ10	3600	4	Φ6	910	2
DBS1-6X-3912-32	Φ8	1340+δ 40	25	Φ10	3900	4	Φ6	910	2
…	…	…	…	…	…	…	…	…	…

（5）识读信息

1）从 DBS1-67-3012-32 编号中可以得到此板为双向板底板，拼装位置为边板，预制混凝土底板厚度为 60mm，后浇混凝土叠合层厚度为 70mm，预制板两个宽度方向侧边及顶面均设置粗糙面，预制板底面为模板面。底板标志跨度为 3000mm，模板跨度为 3000mm－180mm＝2820mm，底板标志宽度为 1200mm，模板宽度为 1200mm－240mm＝960mm。叠合板上面板边倒直角，距离为 20mm，下面板边倒直角，距离为 10mm。

2）底板跨度方向配筋Φ10@200（②号钢筋），从图 2-12 和图 2-13 中可知数量为 4 根。桁架钢筋之间间距 200mm 布置两道，两桁架外侧距离模具边缘 25mm 各布置一道，左右两端各伸出模具边缘 90mm。加工尺寸为 2820mm＋90mm＋90mm＝3000mm，与底板配筋表一致。

3）底板宽度方向配筋Φ8@150（①号钢筋），左侧第一根距离模具边缘 $a1$＝80mm 布置，右侧第一根距离模具边 $a2$＝40mm 布置，钢筋数量为（2820－80－40）/150+1＝19 根，上端伸出模具边缘（290+δ）mm，δ 为调整宽度，下端伸出模具边缘 90mm，拼缝定位线距离模具边缘 150mm，加工尺寸为：1340mm+8.64d（钢筋弯钩增加值，见表 2-21）＝1340mm+69.12mm＝1409.12mm。D 为钢筋弯弧内直径，d 为钢筋直径。

表 2-21　钢筋弯钩综合调整增加值

弯钩角度	弯弧内径	钢筋中轴线长度	平直段长度	增加值计算过程	增加值
90	$D=5d$	$(D+d)\pi/4$	$5d$	$(D+d)\pi/4+5d-(D/2+d)$	$6.21d$
			$10d$	$(D+d)\pi/4+10d-(D/2+d)$	$11.21d$
135	$D=2.5d$	$(D+d)3\pi/8$	$5d$	$(D+d)3\pi/8+5d-(D/2+d)$	$6.87d$
	$D=4d$				$8.64d$
	$D=2.5d$		$10d$	$(D+d)3\pi/8+10d-(D/2+d)$	$11.87d$
	$D=4d$				$13.64d$
180	$D2.5d$	$(D+d)\pi/2$	$5d$	$(D+d)\pi/2+5d-(D/2+d)$	$8.25d$
			$10d$	$(D+d)\pi/2+10d-(D/2+d)$	$16.5d$

4）端头加固钢筋（③号钢筋）沿宽度方向通长布置不外伸，水平方向距离两边模具边缘各 25mm 布置，共 2 根，为Φ6 钢筋，加工尺寸为 910mm。

5）桁架钢筋为 A80 型号桁架，即上弦钢筋公称直径为 8mm，下弦钢筋公称直径为 8mm，腹杆钢筋公称直径为 6mm，桁架设计高度为 80mm。桁架共 2 根，两端距离底板边缘各为 50mm，长度为 2820mm−100mm＝2720mm，与底板参数表一致，桁架中心线距离模具边缘 180mm，桁架中心间距为 600mm。

6）桁架吊点查阅《桁架钢筋混凝土叠合板（60mm 厚底板）》（15G366—1）图集 67 页可知，DBS1-67-3012-32 吊点应设置在距离模具边缘 600mm 最近的上弦节点上，共设置 4 处。桁架加强筋在距离吊点相邻的两个下弦节点处，垂直于桁架，常用2Φ10，长度为 280mm，设 8 根。

08. 案例任务中叠合板模板、钢筋图纸识读

5. 本任务识图信息（见图 2-1～图 2-5、表 2-1）

（1）模具　模板长度为 2120mm，宽度为 960mm，叠合板底板为双向板边板，底板厚度为 60mm，后浇叠合层混凝土厚度为 80mm，叠合板的上面板边倒直角，水平距离为 20mm，竖直距离为 20mm。

（2）预埋件

1）预埋线盒：中心位置水平距离模具边缘 1060mm，垂直距离模具边缘 248mm，数量为 1。

2）垫块：厚度与保护层厚度一致，为 15mm，根据规范要求，垫块间距 500mm。

（3）钢筋

1）横向水平分布筋：数量 14 根，直径为 8mm 的三级钢，加工尺寸为 1340mm+8.64×8mm＝1409.12mm。钢筋摆放间距为 150mm，左右第一根距模具边缘为 85mm 开始布置。上端伸出模具边缘 90mm，下端伸出模具边缘 290mm，拼缝定位线距离模具边缘 150mm。

2）纵向水平分布筋：数量 4 根，直径为 8mm 的三级钢，加工尺寸为 2300mm。桁架间钢筋摆放间距为 200mm，第一根距模具边缘 25mm 开始布置，左右两端各伸出模具边缘 90mm。

3）端头加固钢筋：数量 2 根，直径为 8mm 的三级钢，加工尺寸为 930mm。距模具边缘 25mm 布置，外伸长度为 0。

4）桁架：数量 2 根，上弦钢筋公称直径为 8mm，下弦钢筋公称直径为 8mm，腹杆钢筋公称直径为 6mm，桁架设计高度为 90mm。长度为 2020mm，桁架中心线距离板边 180mm，桁架中心间距为 600mm，两端距离模具边缘各 50mm。

5）桁架加强筋：数量 8 根，直径为 10mm 的三级钢，加工尺寸为 280mm。吊点中心位置距离模具边缘 380mm 处，设置 4 处。

二、装配式混凝土建筑外墙板

1. 概念

装配式混凝土剪力墙是指在工厂或现场预先制作的钢筋混凝土墙体。装配式混凝土剪力墙可以分为预制实心剪力墙和预制叠合剪力墙。

1）预制实心剪力墙，包括预制实心混凝土剪力墙和预制混凝土夹心保温剪力墙。预制实心混凝土剪力墙是指将混凝土剪力墙在工厂预制成实心构件，并在现场通过预留钢筋主体结构相连接。随着灌浆套筒在预制剪力墙中的使用，预制实心剪力墙的使用越来越广泛。

预制混凝土夹心保温剪力墙是一种结构保温一体化的预制实心剪力墙。中间层的内叶是预制混凝土实心剪力墙，外叶墙板通过贯穿保温层的拉结件与内叶墙板相连，外叶墙板仅作为荷载，不参与结构受力。上下层预制内墙板的竖向钢筋采用套筒灌浆连接，相邻预制内墙板之间的水平钢筋采用整体式接缝连接。预制混凝土夹心保温剪力墙目前在施工中广泛采用。

2）预制叠合剪力墙，是指一侧或两侧均为预制混凝土墙板，在另一侧或中间部位现浇混凝土，从而形成共同受力的剪力墙结构。

2. 预制混凝土夹心保温剪力墙的类型及编号

预制混凝土夹心保温剪力墙分为预制外墙板和预制内墙板，以预制外墙板为例讲解，标准图集的预制混凝土剪力墙外墙是由内叶墙板、挤塑聚苯板（XPS）保温材料和外叶墙板组成的，具体可参考图集《预制混凝土剪力墙外墙板》（15G365—1）的相关要求。内外叶墙板类型、示意图及编号见表 2-22、表 2-23。

表 2-22　标准图集中外墙板内叶墙板编号

墙板类型	示意图	墙板编号	注释
无洞口外墙		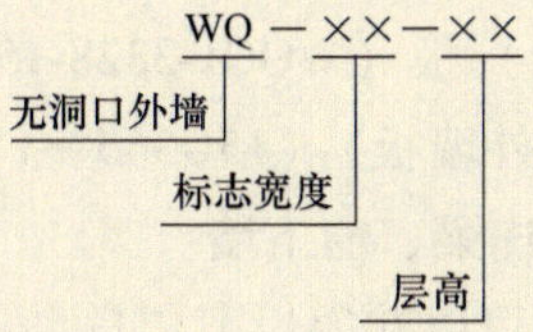	四个数字中的前两个数字表示墙板标志宽度（按 dm 计），后两个数字表示墙板的适用层高（按 dm 计）
一个窗洞外墙（高窗台）	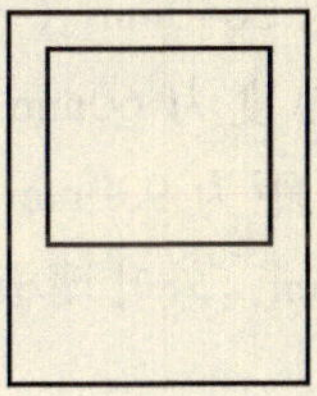	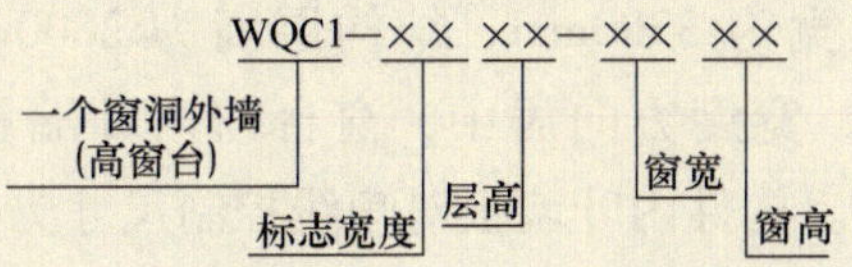	层高是指墙板适用层高，窗高是从楼层建筑标高到窗台的高度，共 8 个数字，两个数字一小组（按 dm 计）

（续）

墙板类型	示意图	墙板编号	注释
一个窗洞外墙（矮窗台）	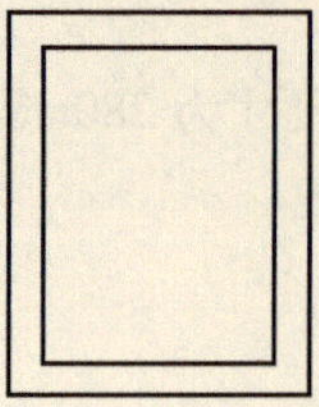	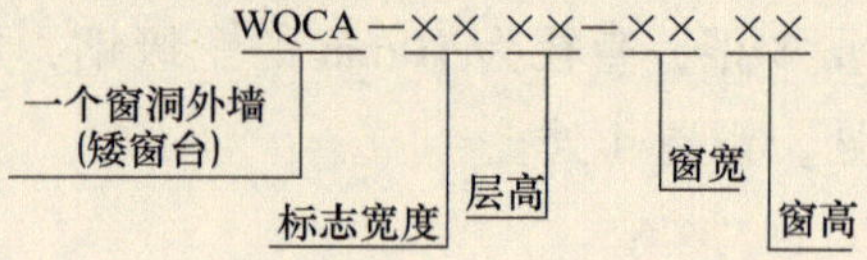	层高是指墙板适用层高，窗高是从楼层建筑标高到窗台的高度，共8个数字，两个数字一小组（按dm计）
两窗洞外墙	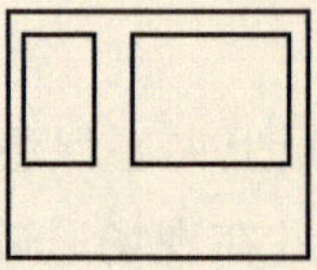	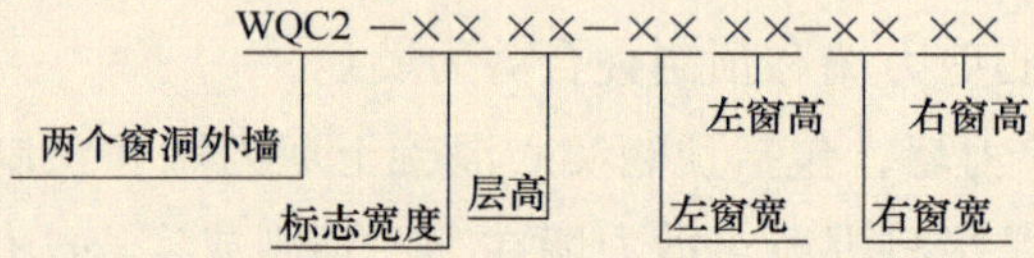	层高是指墙板适用层高，窗高是从楼层建筑标高到窗台的高度，共12个数字，两个数字一小组（按dm计）
一个门洞外墙	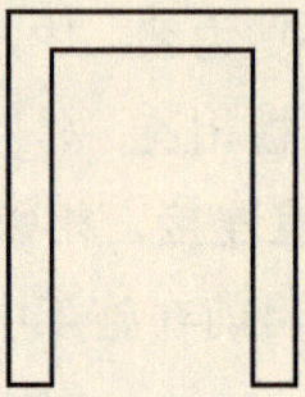	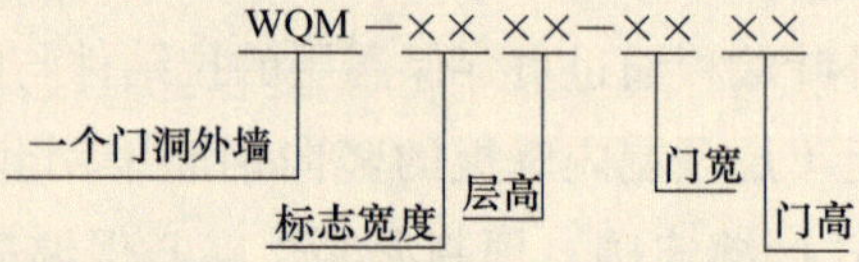	层高是指墙板适用层高，共8个数字，两个数字一小组（按dm计）

表 2-23　标准图集中外墙板内叶墙板编号示例

墙板类型	墙板编号	标志宽度/mm	层高/mm	门（窗）宽/mm	门（窗）高/mm	门（窗）宽/mm	门（窗）高/mm
无洞口外墙	WQ-2428	2400	2800	—	—	—	—
一个窗洞高窗台外墙	WQC1-3028-1514	3000	2800	1500	1400	—	—
一个窗洞矮窗台外墙	WQCA-3029-1517	3000	2900	1500	1700	—	—
两窗洞外墙	WQC2-4830-0615-1515	4800	3000	600	1500	1500	1500
一个门洞外墙	WQM-3628-1823	3600	2800	1800	2300	—	—

3. 识读窗洞外墙（高窗台）板（WQC1-3328-1514）

参照《预制混凝土剪力墙外墙板》（15G365—1）图集，WQC1-3328-1514内叶墙板为结构受力部分，分为边缘构件、连梁、窗下墙。

从墙模板图（图2-14）中可以获得以下信息：

（1）基本尺寸　内叶墙板宽为2700mm（不含外伸）、高度为2640mm（不含外伸）、厚度为200mm。外叶墙板宽为3300mm、结构层高为2800mm，厚度为60mm，窗洞口宽为1500mm、高为1400mm，宽度方向居中，窗台与内叶墙板底间距为930mm，建筑面层为100mm时间距为980mm。构件内叶墙板对角线控制尺寸为3776mm，外叶墙板对角线控制尺寸为4322mm。

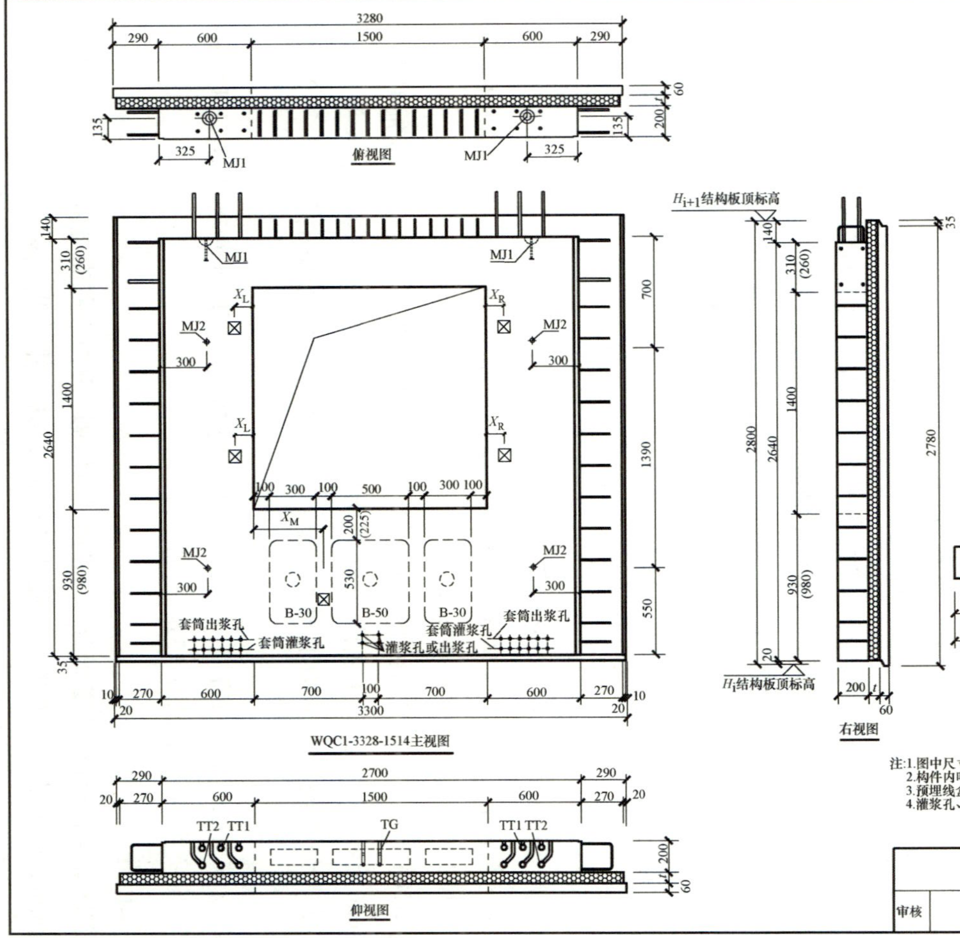

预埋配件明细表

编号	名称	数量	备注
MJ1	吊件	2	可选件 详见图集234页
MJ2	临时支撑预埋螺母	4	
B-30/B-50	填充用聚苯板	2/1	详见图集235页
TT1/TT2	套筒组件	6/6	详见图集235页
TG	套管组件	2	详见图集234页

预埋线盒位置选用

位置	中心洞边距X_L、X_R、X_M(mm)
高区	X_L、X_R=130、280、430
中区	
低区	X_M=450、1050

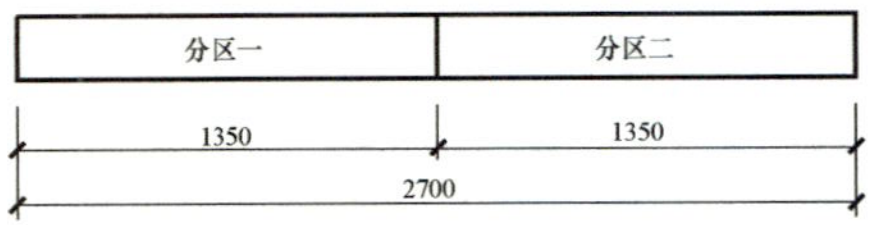

灌浆分区示意图

注：1.图中尺寸用于建筑面层为50mm的墙板，括号内尺寸用于建筑面层为100mm的墙板。
2.构件内叶墙板对角线控制尺寸为3776mm，外页墙板对角线控制尺寸为4322mm。
3.预埋线盒位置与填充聚苯板碰撞时，应调整聚苯板尺寸，做法详见图集第233页。
4.灌浆孔、出浆孔竖向定位尺寸详见图集第235页。

WQC1-3328-1514模板图						图集号	15G365-1
审核		校对		设计		页	60

图 2-14　WQC1-3328-1514 墙模板图

（2）预埋吊件　墙板顶部有两个编号为 MJ1 的预埋吊件，为吊装墙体做准备，距离墙体边缘 325mm。

（3）临时支撑预埋螺母　内叶墙板内侧上下部分别有 2 个编号为 MJ2 的预埋螺母，共 4 个。距离两侧 300mm，下部螺母距离墙下部边缘 550mm，上下螺母之间距离为 1390mm。

（4）填充用聚苯板　窗下墙设置两块 B-30、一块 B-50 型模塑聚苯板（EPS），容重不小于 $12kg/m^3$。其中 B-30 宽度为 300mm，高度为 530mm；B-50 宽度为 500mm，高度为 530mm。距离窗洞边缘 100mm，聚苯板间距为 100mm，距离窗台 200mm，当建筑面层为 100mm 时，间距为 225mm。根据工程情况，也可选用其他轻质填充材料。由于窗下墙部分刚度不需要很大，设置填充用聚苯板可以减轻墙体重量，节约混凝土用量，降低碳排放。

（5）预埋套管组件　窗洞口两侧的边缘构件竖向筋底部，每侧布置 6 个，一共 12 个灌浆套筒，间距为 150mm，窗下墙预埋套管 TG 2 个。灌浆孔和出浆孔均设置在墙板临时斜支撑的一侧，出浆孔在上，灌浆孔在下。所有出浆孔、灌浆孔均在同一水平高度。具体参数详见《预制混凝土剪力墙外墙板》（15G365—1）图集 234~235 页。

（6）预埋线盒　窗洞口两侧设置 2 个预埋线盒，窗洞口下侧设置 1 个预埋线盒，共 5 个，具体位置可根据工程实际情况查看图集中预埋配件明细表选取。

预埋线盒位置与填充聚苯板碰撞时，应调整聚苯板尺寸，做法详见《预制混凝土剪力墙外墙板》（15G365—1）图集 235 页。内叶墙板宽度为 2700mm，灌浆分仓按照间距为 1350mm 设置分区。

从墙钢筋图（图 2-15）可以得到：

（1）连梁

1）下部纵筋 1Za 和腰筋 1Zb，依墙宽通长布置，两侧均外伸 200mm。1Za 一级抗震要求时为 2⌀18，其他抗震级别为 2⌀16。1Zb 距离墙板顶部为 35mm，与 1Za 距离为 235mm，当建筑面层为 100mm 时，间距为 185mm。

2）连梁箍筋 1G，焊接封闭箍筋，窗洞口上方布置，箍住连梁底部纵筋和腰筋。上部外伸 110mm 至水平后浇部分或圈梁混凝土内。距离窗洞口边缘 50mm 等间距设置，其钢筋规格见《预制混凝土剪力墙外墙板》（15G365—1）图集中 WQC1-3328-1514 钢筋表。

3）连梁拉筋 1L，拉结 1Zb 和 1G，其钢筋规格见《预制混凝土剪力墙外墙板》（15G365—1）图集中 WQC1-3328-1514 钢筋表。

（2）边缘构件

1）纵筋 2Za：与下部灌浆套筒连接。窗洞口两侧边缘构件各布置 6 根，共 12 根，距离窗洞口边缘 50mm 位置处开始布置，间距为 150mm，共三排。当抗震等级为一级、二级时，采用 12⌀16，下端车丝长度为 23mm，与灌浆套筒机械连接，上端外伸 290mm，与上一层墙板中的灌浆套筒连接。其余抗震等级对应规格见《预制混凝土剪力墙外墙板》（15G365—1）图集中 WQC1-3328-1514 钢筋表。

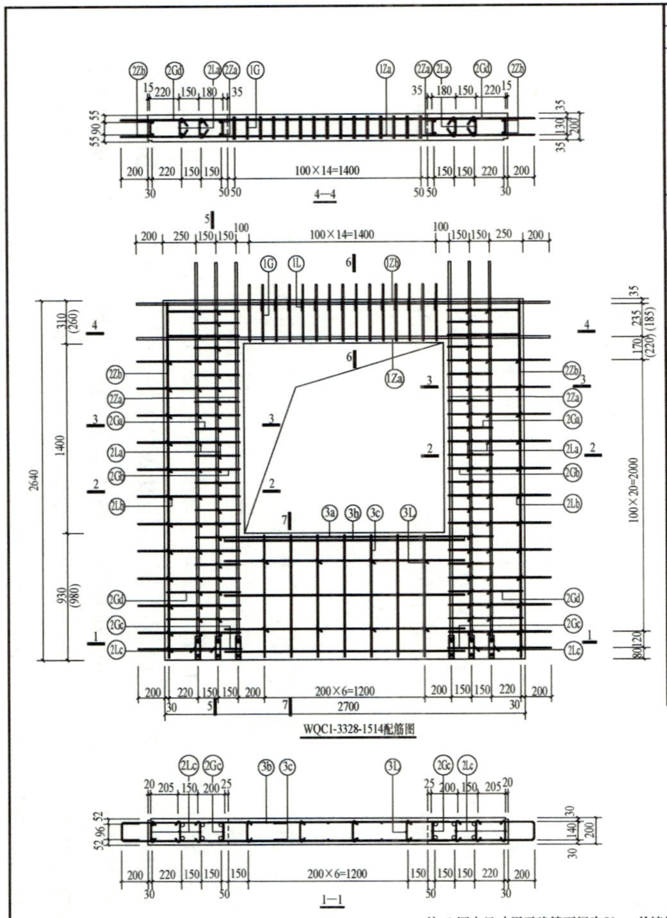

WQC1-3328-1514 钢筋表

钢筋类型		钢筋编号	一级	二级	三级	四级非抗震	钢筋加工尺寸	备注
连梁	纵筋	1Za	2Φ18	2Φ16	2Φ16	2Φ16	200 2700 200	外露长度200
		1Zb	2Φ10	2Φ10	2Φ10	2Φ10		
	箍筋	1G	15Φ10	15Φ8	15Φ8	15Φ6	(240) 110 290 160	焊接封闭箍筋
	拉筋	1L	15Φ8	15Φ8	15Φ8	15Φ6	10d 170 10d	d为拉筋直径
边缘构件	纵筋	2Za	12Φ16	12Φ16	—	—	23 2466 290	一端车丝长度23
			—	—	12Φ14	—	21 2484 275	一端车丝长度21
			—	—	—	12Φ12	18 2500 260	一端车丝长度18
		2Zb	4Φ10	4Φ10	4Φ10	4Φ10	2610	
	箍筋	2Ga	20Φ8	—	—	—	330 120	焊接封闭箍筋
		2Gb	22Φ8	22Φ8	22Φ6	22Φ6	200 415 120	焊接封闭箍筋
		2Gc	2Φ8	2Φ8	2Φ6	2Φ6	200 425 140	焊接封闭箍筋
		2Gd	8Φ8	8Φ8	8Φ6	8Φ6	550 140	焊接封闭箍筋
	拉筋	2La	80Φ8	60Φ8	60Φ6	60Φ6	10d 130 10d	d为拉筋直径
		2Lb	22Φ6	22Φ6	22Φ6	22Φ6	30 130 30	
		2Lc	6Φ8	6Φ8	6Φ6	6Φ6	10d 150 10d	d为拉筋直径
窗下墙	水平筋	3a	2Φ10	2Φ10	2Φ10	2Φ10	400 1500 400	
		3b	10Φ8	10Φ8	10Φ8	10Φ8	150 1500 150	
	竖向筋	3c	14Φ8	14Φ8	14Φ8	14Φ8	900 80 (950) 80	
	拉筋	3L	Φ6@400	Φ6@400	Φ6@400	Φ6@400	30 160 30	

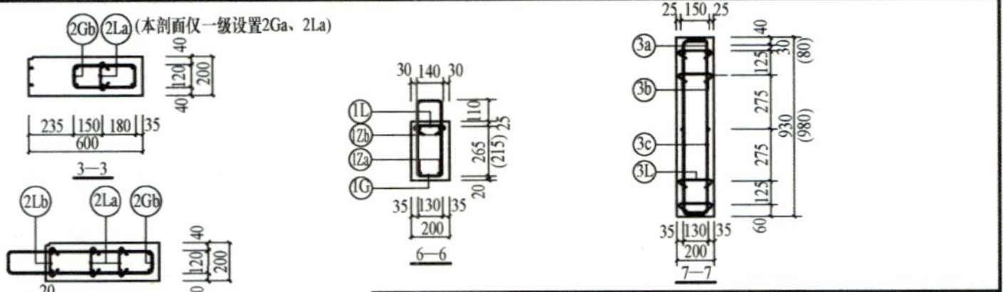

注：1.图中尺寸用于建筑面层为50mm的墙板，括号内尺寸用于建筑面层为100mm的墙板。
2.图中5—5剖面配筋图详见图集第59页。

WQC1-3328-1514墙配筋图			图集号	15G365-1
审核	校对	设计	页	61

图 2-15　WQC1-3328-1514 墙配筋图

2）纵筋 2Zb：不与灌浆套筒连接。墙边缘两侧各布置 2 根，共 4 根，距离墙边缘 30mm 处布置，不外伸，通长布置，其钢筋规格见《预制混凝土剪力墙外墙板》（15G365—1）图集中 WQC1-3328-1514 钢筋表。

3）箍筋 2Ga：窗洞口边缘构件箍筋，焊接封闭箍筋，箍住边缘构件纵筋 2Za，一级抗震时设置，间距为 200mm。在连梁高度范围与水平加密箍筋 2Gd 间隔布置，在窗洞口两侧与墙体水平分布钢筋 2Gb 间隔布置，共设置 20 根直径为 8mm 的三级钢筋。

4）箍筋 2Gb：墙体水平分布钢筋，焊接封闭箍筋，距墙板底部 200mm 处开始布置，间距为 200mm，一端箍住边缘构件纵筋 2Za，另一端伸出墙边 200mm，形成 U 形钢筋的形式，与后浇墙体水平分布钢筋搭接，形成竖向连接。窗洞两侧各设置 11 根，共 22 根，其钢筋规格见《预制混凝土剪力墙外墙板》（15G365—1）图集中 WQC1-3328-1514 钢筋表。

5）箍筋 2Gc：灌浆套筒处水平分布钢筋，焊接封闭箍筋，距离墙板底部 80mm 处布置，一端箍住灌浆套筒，另一端外伸 200mm，形成 U 形钢筋的形式，窗洞两侧各设置 1 根，共 2 根，其钢筋规格见《预制混凝土剪力墙外墙板》（15G365—1）图集中 WQC1-3328-1514 钢筋表。

6）箍筋 2Gd：灌浆套筒处和连梁处水平加密箍筋 2Gd，间距为 200mm，连梁高度范围内设置 2 根，与最上一根墙体水平分布钢筋 2Gb 间距 200mm 处开始布置。灌浆套筒处设置 2 根，与最下一根墙体水平分布钢筋 2Gb 间距 100mm 处开始布置，一端箍住边缘构件纵筋 2Za，一端箍住边缘构件纵筋 2Zb，不外伸。共设置 8 根，其钢筋规格见《预制混凝土剪力墙外墙板》（15G365—1）图集中 WQC1-3328-1514 钢筋表。

7）拉筋 2La 与拉筋 2Lb：窗洞口边缘构件拉结筋，2La 是将边缘构件纵向钢筋 2Za 与各类水平箍筋交叉点进行拉结，不包括灌浆套筒范围，共设置 60 根，2Lb 是将边缘构件纵向钢筋 2Zb 与墙体水平分布钢筋 2Gb 交叉点进行拉结，窗洞口两侧各设置 11 根，共 22 根，其钢筋规格见《预制混凝土剪力墙外墙板》（15G365—1）图集中 WQC1-3328-1514 钢筋表。

8）拉筋 2Lc：灌浆套筒处拉结筋，是将灌浆套筒与灌浆套筒处水平分布钢筋 2Gc 交叉点、边缘构件纵向钢筋 2Zb 与灌浆套筒处水平分布钢筋 2Gc 交叉点进行拉结，两侧各设置 3 根，共 6 根，其钢筋规格见《预制混凝土剪力墙外墙板》（15G365—1）图集中 WQC1-3328-1514 钢筋表。

（3）窗下墙

1）水平筋 3a：窗下墙水平加强筋，在窗下墙距离窗洞口 40mm 处开始布置，两端深入窗洞口两侧墙体 400mm，共设置 2 根直径为 10mm 的三级钢筋。

2）水平筋 3b：窗下墙水平分布筋，在窗下墙距离窗台 70mm 处开始布置，两端深入窗洞口两侧墙体 150mm，墙体两侧各设置 5 根，共设置 10 根。第 1 根在距离窗台 70mm 处布置，第 2 根在与第 1 根间距为 125mm 处布置，第 3 根在与第 2 根间距为 275mm 处布置，第 4 根在与第 3 根间距为 275mm 处布置，第 5 根在距离墙底部 60mm 处布置。其钢筋规格见《预制混凝土剪力墙外墙板》（15G365—1）图集中 WQC1-3328-1514 钢筋表。

3）竖向筋 3c：窗下墙竖向分布筋，沿窗下墙通长布置，两端弯成 U 形形成搭接，弯折角度 90°，距离窗洞口边缘 150mm 处开始布置，间距为 200mm，共设置 14 根直径为 8mm 的三级钢筋。

4）拉筋 3L：窗下墙拉结钢筋，将窗下墙水平分布筋和竖向分布筋交点处进行拉结，间距为 400mm，间隔布置，选用直径为 6mm 的三级钢筋。

知识点 2：装配式混凝土建筑构件制作施工前的准备

一、佩戴安全帽

佩戴安全帽时，应将内衬圆周大小调节到头部稍有约束感为宜。同时系好下颚带，下颚带应紧贴下颚，松紧以下颚有约束感但不难受为宜。女生佩戴安全帽应将头发放进帽衬，如图 2-16 所示。

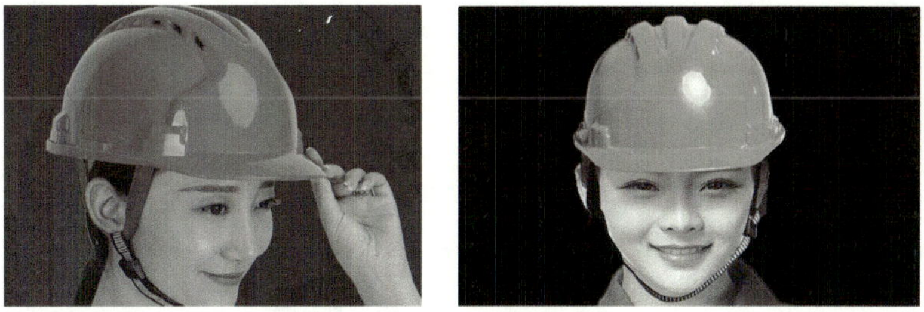

图 2-16　安全帽佩戴示意图

使用者不能随意在安全帽上拆卸或添加附件，以免影响其原有的防护性能。不能私自在安全帽上打孔，不要随意碰撞安全帽，在现场或其他任何地点，不得将安全帽作为坐垫使用。经受过一次冲击或做过实验的安全帽应作废，不能再次使用。安全帽不能在有酸、碱或化学试剂污染的环境中存放，不能放置在高温、日晒或潮湿的场所中，以免其老化变质。应在有效期内使用安全帽，植物枝条编织的安全帽有效期限为两年，塑料安全帽的有效期限为两年半，玻璃钢（包括维纶钢）和胶质安全帽的有效期限为 3 年半，超过有效期的安全帽应报废。

二、穿戴劳保工装、防护手套

劳保工装穿戴应该整齐规范，拉链必须拉上，袖口必须紧扣，尽量不要把里面的衣服裸露在外面，保证“统一、整齐、整洁”，并做到“三紧”，即领口紧、袖口紧、下摆紧，严禁卷袖口、卷裤腿等现象。

手套用于手部保护，防止火与高温或低温的伤害，防止电磁与电离辐射的伤害，防止电、化学物质的伤害，防止撞击、切割、擦伤、微生物侵害以及感染。必须正确佩戴手套，方可进行施工。

三、工具准备

根据生产工艺及施工要求领取全部需要使用的工具，保证工具选择合理、数量准确。工具有抹布、刷子、角尺、钢卷尺、扳手、小钢刷、锤子或橡胶锤、扎钩、墨盒、磁盒、游标卡尺、扫把、铅笔。有时还会使用撬棍、塞尺、滚筒、钢筋绑扎机、密封条、木条、棉丝、钢丝耙、木抹子、钢抹子、水平尺、靠尺等。部分工具用具如图 2-17 所示。

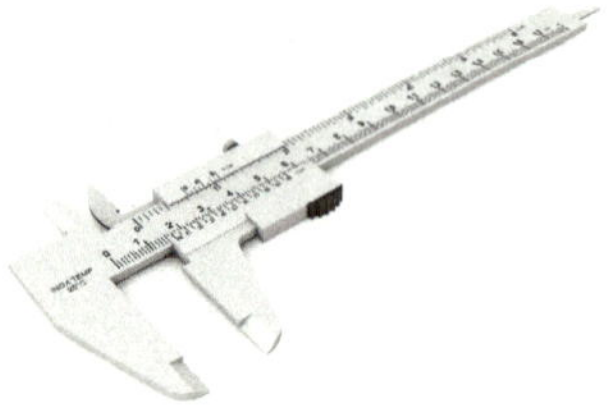

a) 游标卡尺

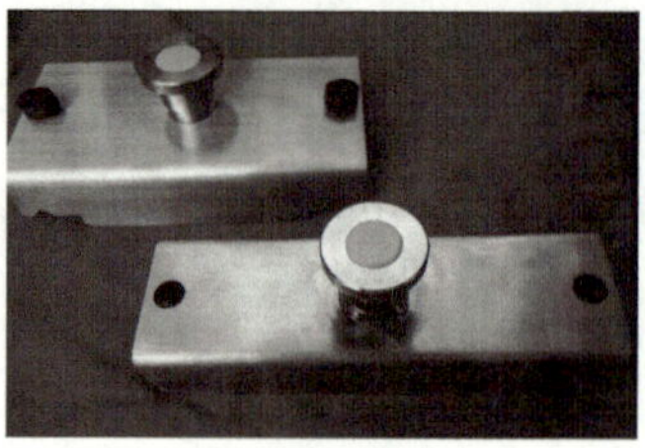

b) 磁盒

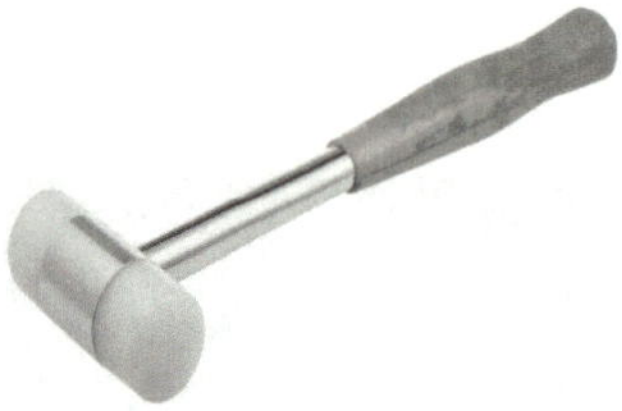

c) 橡胶锤

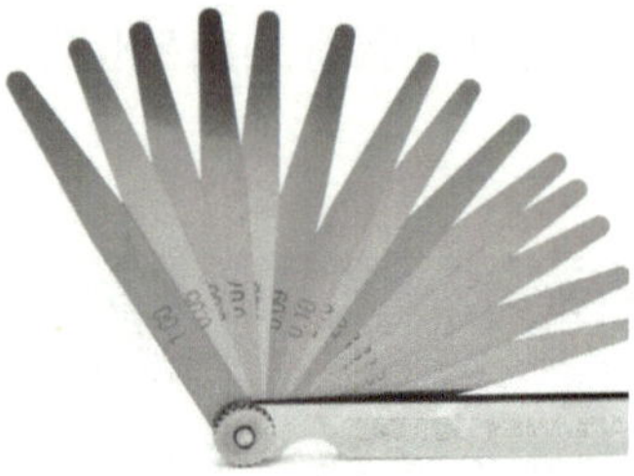

d) 塞尺

e) 角尺

f) 撬棍

图 2-17　工具用具

四、材料选型

施工材料包括模具、钢筋、预埋件以及辅助材料等，需要依据模板图进行模具的选型，确认所需模板的规格，使用钢卷尺测量模具尺寸，挑选正确的模板，保证模具选型合理、数量准确。依据配筋图进行钢筋选型，包括规格、加工尺寸、数量，钢筋有钢筋网片、桁架、加强筋等。操作人员应使用钢卷尺测量钢筋长度，使用游标卡尺测量钢筋规格，选取正确规格和数量的钢筋。

依据安装图纸进行预埋件选型以及数量的确定，领取预埋件，保证预埋件选型合理、数量准确。预埋件有线盒、吊件、灌浆套筒及配管等。

除此之外，需要准备辅助材料，保证辅材选型合理、数量准确。辅材主要有扎丝、加强筋、垫块、脱模剂、缓凝剂、封堵材料、螺栓等。

五、材料清理

材料清理是指对模具、钢筋进行污染物清理，不得有铁锈、油污等污染物，表面不得有划痕、锈渍和氧化层脱落等现象，以免影响钢筋和模具的使用效果，如图 2-18 所示。

模具在组装前必须清理干净，用铁铲铲掉挡边模具三面残留的混凝土渣，采用从上到下的清理顺序，模具不得有铁锈、油污及混凝土残渣，接触面不应有划痕、锈渍和氧化层脱落等现象。

一般使用小钢刷清理模具，也可使用抛光机进行打磨抛光处理，将模具内腔表面的杂物、浮锈等清理干净。经过打磨抛光的模具使用隔离剂进行清洗，一般 2~3 次，可根据干净程度，适当增加清洗遍数。清理后的模具内表面的任何部位不得有残留杂物。钢筋可采用小钢刷进行清理。

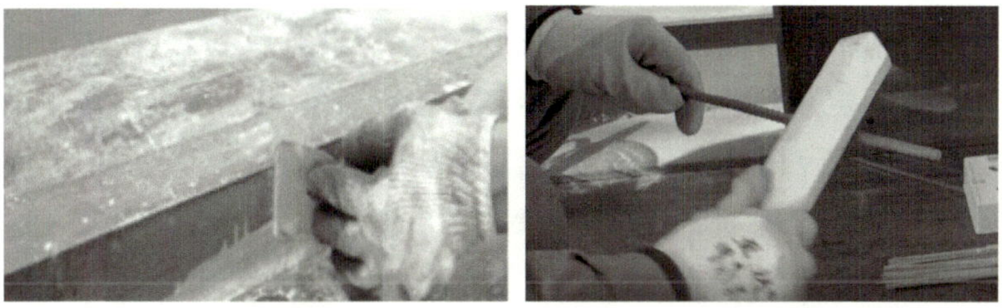

a) 清理模具　　　　b) 清理钢筋

图 2-18　清理模具及钢筋

六、卫生检查及清理

施工现场应该干净整洁，不得有垃圾、杂物等，以免施工过程中污染材料和工具，影响施工质量。在施工之前需要使用扫把规范清理场地，保证场地的干净整洁。

知识点 3：装配式建筑构件制作模具组装

09. 模具摆放与固定（实操）

模具组装包括清理模台，模台划线定位，摆放模具，模具初固定，模具测量校正，模具终固定，模具固定检验，模台、模具涂刷脱模剂（缓凝剂），质量检验并填写模具组装质量检查表。

一、模具组装工艺流程

1. 清理模台

使用扫把或小刷子规范清理模台，保证模台干净整洁。模台表面预埋定位边线必须清理。在清理时，防止对模台造成损坏。

2. 模台划线定位（图 2-19）

移动式模台宜采用自动划线机，根据图纸要求绘制模具外框标准线。对照图纸检查模具尺寸，包括长度、宽度、对角线。

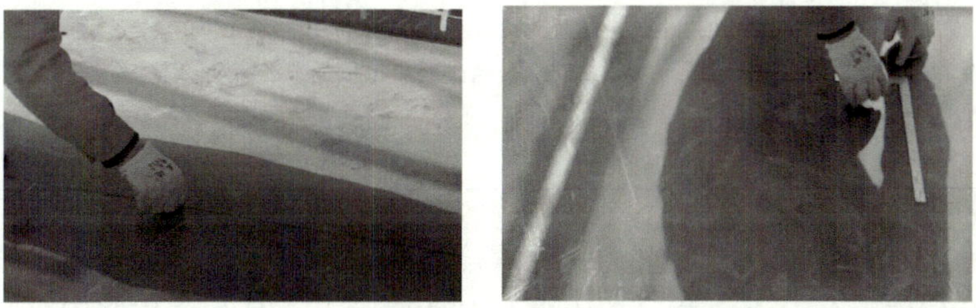

图 2-19　模台划线定位

固定模台依据图纸使用钢卷尺测量模板尺寸，用铅笔做标记，使用墨斗根据铅笔标记弹出墨线，注意边角方正。

3. 模具摆放

挡边模、内模应根据划线位置进行正确摆放，将对应的模具放置在标准线位置，要求模具之间的角度为90°，模具方向应摆放正确，如图2-20所示。

4. 模具初固定

模具摆放完毕后，操作人员使用扳手、螺栓按照模具预留的固定孔位进行相邻模具初固定。模具固定一般有螺栓固定和磁盒固定，模台四个侧模采用螺栓固定，与模台相连宜采用磁盒固定，使用磁盒固定模具时，一定要将磁盒底部杂物清除干净，且必须将螺栓有效地压到模具上。

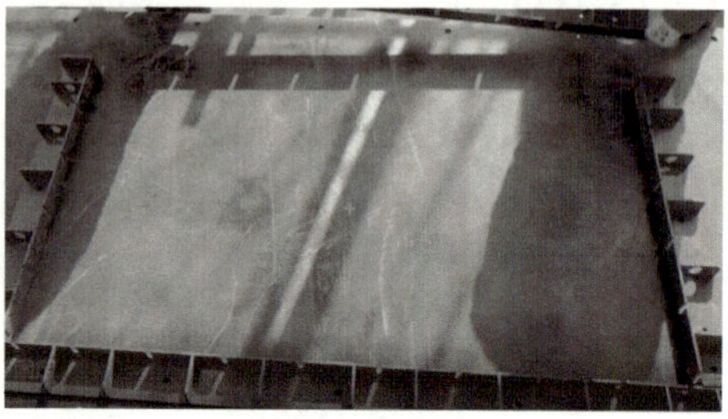

图 2-20 模具摆放

5. 模具测量校正

初固定结束后，使用钢卷尺、塞尺、钢直尺、橡胶锤等进行模具测量校正，使用钢卷尺检测模具组装长度、宽度、高（厚）度、对角线、组装缝隙、模具间高低差等是否符合规范要求，若超出误差范围则用橡胶锤进行调整。预制构件模具尺寸允许偏差和检验方法见表2-24。

表 2-24 预制构件模具尺寸允许偏差和检验方法

序号	检验项目、内容		允许偏差/mm	检验方法
1	长度	≤6m	1，-2	用尺量平行构件高度方向，取其中偏差绝对值较大处
		>6m 且≤12m	2，-4	
		>12m	3，-5	
2	宽度、高（厚）度	墙板	1，-2	用尺测量两端或中部，取其中偏差绝对值较大处
3		其他构件	2，-4	
4	底模表面平整度		2	用2m靠尺和塞尺量
5	对角线差		3	用尺量对角线
6	侧向弯曲		L/1500 且≤5	拉线，用钢尺量侧向弯曲最大处
7	翘曲		L/1500	对角拉线测量交点间距离值的两倍
8	组装缝隙		1	用塞片或塞尺量测，取最大值
9	端模与侧模高低差		1	钢尺检查

注：综合考虑设备和模具匹配精度问题，建议适当放大允许误差范围约2~3倍，但构件实际生产过程中允许误差范围严格按照国家标准执行。

6. 模具终固定

使用橡胶锤、磁盒、扳手，依次终固定螺栓和磁盒，确认尺寸后将其锁紧。同时在底模和侧模接缝处贴好密封条，在安装过程中密封条应完整，模具与底模紧固，防止漏浆。

7. 模台、模具涂刷脱模剂或缓凝剂

模具验收合格后，保证模内干净无杂物，将模具表面均匀涂刷脱模剂，模具夹角处不得漏涂，钢筋、预埋件不得沾有脱模剂。应正确使用工具（滚筒或毛刷），手势方向一致，先涂抹挡边模具的所有外露面（包括正面和外侧面），再涂抹底模。先涂刷模具，再涂刷模台。多余的脱模剂应使用干净的棉丝将其清理干净，严禁滴、洒到钢筋、预埋件上，如图 2-21 所示。脱模剂应选用质量稳定、适于喷涂、脱模效果好的水性脱模剂，并应具有改善混凝土构件表观质量效果的功能。

图 2-21 刷脱模剂

涂刷缓凝剂时，应均匀，涂刷厚度一致，无漏刷和流淌等问题。缓凝剂应在模具组装前提前涂刷，保证混凝土浇筑时，缓凝剂已经凝固，防止缓凝剂流淌至模台阴角积液，影响产品质量。

8. 质量检验、填写模具组装质量检查表

使用测量工具检测完成的拼装模具，需要检测模具组装是否符合图纸要求，检验长度、宽度、高度、对角线、组装缝隙、侧向弯曲、翘曲、模具间高低差等是否在误差范围之内。

质量检验完成后应根据实际测量数据，规范填写“模具组装质量检查表”，模具组装质量检查表的主要内容包括：工具检查记录，模具选型检验记录，模具内杂物清理、涂刷隔离剂检验记录，模具固定检验记录，模具组装尺寸检验记录等。

二、模具组装要求

1）模具安装应按模具安装方案要求的顺序进行，符合行业相关规范。

2）模具内表面应干净光滑，无混凝土残渣等任何杂物，钢筋出孔位及所有活动块拼缝处应无累积混凝土，无黏模白灰。模具外表面（窗盖、中墙板等）应无累积混凝土。

3）固定在模具上的预埋件、预留孔应位置准确、安装牢固、不得遗漏。

4）模具安装就位后，接缝及连接部位应有接缝密封措施，不得漏浆。

5）模具安装后相关人员应进行质量验收。

6）安装模具时，钢筋保护层应符合设计要求，骨架尺寸不合适时可适当调整。

7）模具拼缝处无漏光，产品无漏浆及拼缝接口处无明显纱线状。

8）模具的平整度需每周循环检查一次。

9）叠合板模具安装尺寸的允许偏差及检验方法应符合规范要求，当设计有要求时，模具尺寸的允许偏差应按设计要求确定。

知识点 4：装配式建筑构件制作钢筋绑扎与预埋件安装

10. 钢筋绑扎及预埋件预埋（实操）

钢筋绑扎包括摆放钢筋、绑扎钢筋、摆放预埋件、固定预埋件、放置垫块、封堵模具开孔、质量检验、填写钢筋隐蔽工程检查表和预埋件检查表。

一、钢筋绑扎与预埋件安装工艺流程

1. 摆放钢筋

按照图纸进行横向钢筋、纵向钢筋、桁架、加强筋的摆放，先摆放模具邻近的钢筋，再从下部到上部、从一端到另一端摆放横向钢筋、纵向钢筋、桁架、加强筋，再用电动剪剪掉预埋件位置的钢筋，保持剪完后钢筋端头与预埋件有 2~2.5cm 的保护层距离。按设计要求将剪掉预埋件洞口四周的绑扎钢筋做补强。最后正确使用工具（钢卷尺、长度校正工具）进行摆放校正，如图 2-22 所示。

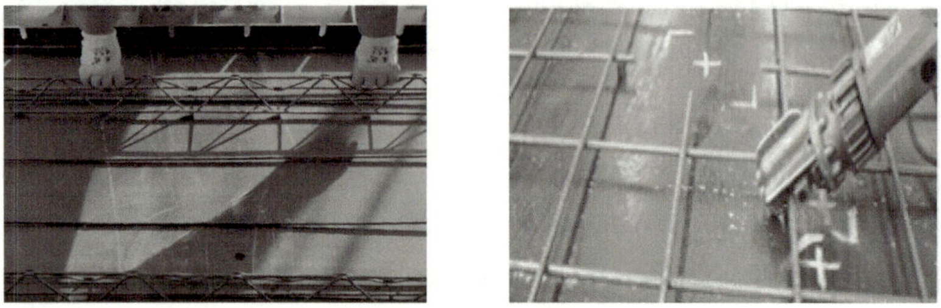

图 2-22　摆放钢筋

2. 绑扎钢筋

正确使用扎钩、钢卷尺和扎丝进行钢筋绑扎，规范要求四周满绑，中间可采取梅花型绑扎，如图 2-23 所示，随时调整钢筋位置，保证绑扎牢固，误差在规定范围内。钢筋绑扎完毕后将模内多余扎丝及钢筋清理干净。

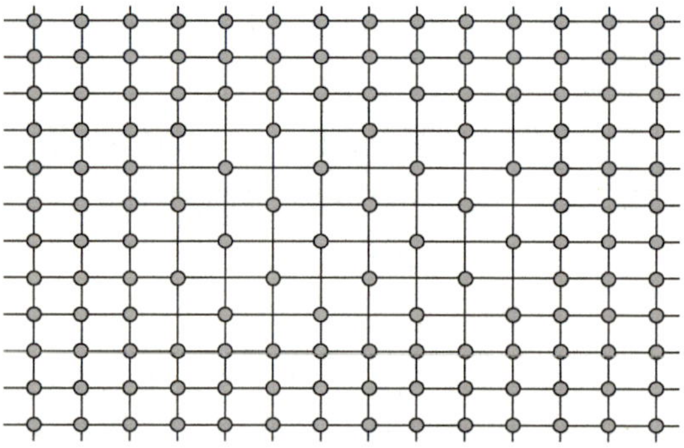

图 2-23　四周满绑、中间梅花型绑扎

3. 摆放预埋件

应通过预埋件安装图纸确定预埋件、线盒的型号、规格、数量，预留孔洞的大小等信息，严格按照图纸设计位置标示预埋件的中心点位置，以“+”为标记，并标示出预埋件外型尺寸的对角标示线，如图 2-24 所示。

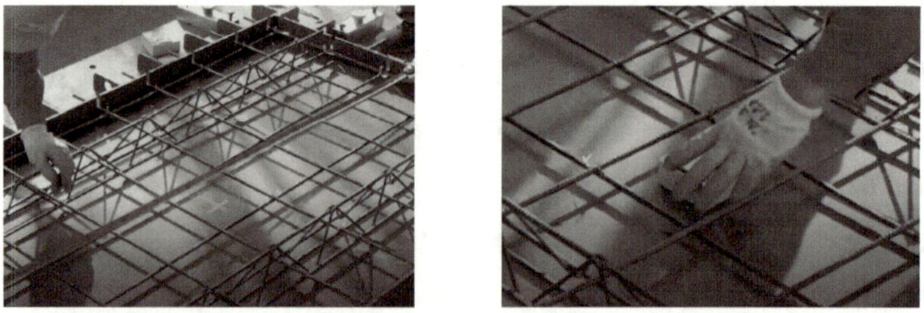

图 2-24　摆放预埋件

4. 固定预埋件

正确使用扎钩、扎丝和钢筋条固定预埋件，保证安装牢固、无松动，安装位置符合规范要求，如图 2-25 所示。

图 2-25　钢筋条固定预埋件

线盒可采用橡胶预埋块固定方式进行固定，将带有磁铁的橡胶预埋块固定在标示好的预埋件中心位置，与模台磁吸固定，线盒内口比橡胶块尺寸略小，将线盒卡在橡胶块上即可，如图 2-26 所示。

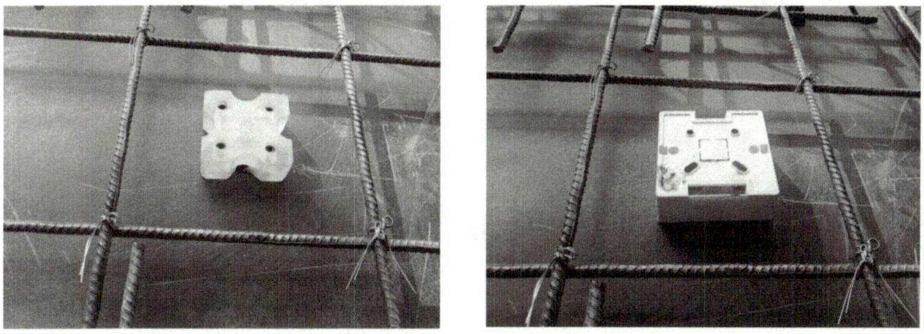

图 2-26　橡胶块固定预埋件

5. 放置垫块

垫块高度依据叠合板厚度要求进行选择，间隔 300~600mm 进行摆放，一般取 500mm 放置一个垫块，垫块与模具间距≤300mm。

6. 封堵模具开孔

将封堵材料塞进边模预留槽空隙处，封堵模具侧孔，封堵严实，防止混凝土浇筑时外漏，如图 2-27 所示。

图 2-27　封堵模具开孔

7. 质量检验

根据测量数据判断是否符合标准及图纸设计，质量检验包括钢筋型号及数量是否正确，绑扎处是否牢固，钢筋网片长和宽、网眼尺寸、对角线误差是否符合规范要求，外露钢筋长度误差是否符合规范要求，钢筋骨架及钢筋桁架各项尺寸误差是否符合规范要求，预埋件选型是否合理、数量是否准确，预埋件安装是否牢固、无松动，预埋件安装位置误差是否符合规范要求等。钢筋及预埋件检查项目的允许偏差及检验方法见表 2-25～表 2-27。

表 2-25　钢筋成品允许偏差及检验方法

项目			允许偏差/mm	检验方法
钢筋网片	长、宽		±5	钢尺检查
	网眼尺寸		±10	钢尺连续三档，取最大值
	对角线		5	钢尺检查
	端头不齐		5	钢尺检查
钢筋骨架	长		0，-5	钢尺检查
	宽		±5	钢尺连续三档，取最大值
	高（厚）		±5	钢尺量纵、横两个方向对角线，取偏差绝对值较大处
	主筋间距		±10	钢尺量两端、中间各一点，取最大值
	主筋排距		±5	钢尺量两端、中间各一点，取最大值
	箍筋间距		±10	钢尺连续三档，取最大值
	弯起点位置		15	钢尺检查
	端头不齐		5	钢尺检查
	保护层	柱、梁	±5	钢尺检查
		板、墙	±3	钢尺检查

表 2-26　钢筋桁架尺寸允许偏差

序号	检验项目	允许偏差/mm
1	长度	总长度的±0.3%，且不超过±10
2	高度	+1，-3
3	宽度	±5
4	扭翘	≤5

表 2-27　预制楼板类构件外形尺寸允许偏差及检验方法

序号	检验项目			允许偏差/mm	检验方法
1	规格尺寸	长度	<12m	±5	用尺量两端及中间部，取其中偏差绝对值较大值
			≥12m 且<18m	±10	
			≥18m	±20	
2		宽度		±5	用尺量两端及中间部，取其中偏差绝对值较大值
3		厚度		±5	用尺量板四周和四边中部位置共 8 处，取其中偏差绝对值较大值
4	对角线差			6	在构件表面，用尺量测两对角线的长度，取其绝对值的差值

（续）

序号	检验项目			允许偏差/mm	检验方法
5	外形	表面平整度	内表面	4	用2m靠尺安放在构件表面上，用楔形塞尺量测靠尺与表面之间的最大缝隙
			外表面	3	
6		楼板侧向弯曲		L/750且≤20mm	拉线，钢尺量最大弯曲处
7		扭翘		L/750	四对角落两条线，量测两线交点之间的距离，其值的2倍为扭翘值
8	预埋部件	预埋钢板	中心线位置偏差	5	用尺量测纵横两个方向的中心线位置，取其中较大值
			平面高差	0，-5	用尺紧靠在预埋件上，用楔形塞尺量测预埋件平面与混凝土面的最大缝隙
9		预埋螺栓	中心线位置偏移	2	用尺量测纵横两个方向的中心线位置，取其中较大值
			外露长度	+10，-5	用尺量
10		预埋线盒、电盒	在构件平面的水平方向中心位置偏差	10	用尺量
			与构件表面混凝土高差	0，-5	用尺量
11	预留孔		中心线位置偏移	5	用尺量测纵横两个方向的中心线位置，取其中较大值
			孔尺寸	±5	用尺量测纵横两个方向尺寸，取其中较大值
12	预留洞		中心线位置偏移	5	用尺量测纵横两个方向的中心线位置，取其中较大值
			孔尺寸	±5	用尺量测纵横两个方向尺寸，取其中较大值
13	预留插筋		中心线位置偏移	3	用尺量测纵横两个方向的中心线位置，取其中较大值
			外露长度	±5	用尺量
14	吊环、木砖		中心线位置偏移	10	用尺量测纵横两个方向的中心线位置，取其中较大值
			留出高度	0，-10	用尺量
15	桁架钢筋高度			+5，0	用尺量

注：综合考虑设备和材料匹配精度问题，在实训过程中适当放大规范允许误差范围约2~3倍，但构件实际生产过程中允许误差范围严格按照国家标准执行。

8. 填写钢筋隐蔽工程检查表

根据实际测量数据，规范填写钢筋隐蔽工程检查表。钢筋隐蔽工程检查表的主要内容包括：工具检验记录，垫块位置检验记录，钢筋选型检验记录，钢筋清理、钢筋摆放、钢筋绑扎检验记录以及钢筋成品尺寸检验记录等，见表 2-28。

表 2-28　钢筋隐蔽工程检查表

<table>
<tr><td colspan="2">工程名称</td><td colspan="3"></td><td>构件名称</td><td></td></tr>
<tr><td colspan="2">生产班组</td><td colspan="3"></td><td>检验员</td><td></td></tr>
<tr><td colspan="2">检查项目</td><td colspan="3">质量检验标准的规定</td><td colspan="2">生产单位检验记录</td></tr>
<tr><td colspan="2" rowspan="6">钢筋基本检验</td><td colspan="2">使用工具</td><td>使用工具正确</td><td colspan="2"></td></tr>
<tr><td colspan="2">放置垫块</td><td>每间隔 500mm 放置一个垫块</td><td colspan="2"></td></tr>
<tr><td colspan="2">钢筋选型检验</td><td>钢筋选型合理、数量准确</td><td colspan="2"></td></tr>
<tr><td colspan="2">钢筋清理</td><td>钢筋清理干净</td><td colspan="2"></td></tr>
<tr><td colspan="2">钢筋摆放</td><td>钢筋摆放位置正确，不漏摆钢筋</td><td colspan="2"></td></tr>
<tr><td colspan="2">钢筋绑扎检验</td><td>绑扎牢固</td><td colspan="2"></td></tr>
<tr><td rowspan="18">钢筋成品尺寸检验</td><td rowspan="18">允许偏差/mm</td><td colspan="2">使用工具</td><td>钢卷尺</td><td colspan="2"></td></tr>
<tr><td rowspan="4">钢筋网片</td><td>长、宽</td><td>±5</td><td colspan="2"></td></tr>
<tr><td>网眼尺寸</td><td>±10</td><td colspan="2"></td></tr>
<tr><td>对角线</td><td>5</td><td colspan="2"></td></tr>
<tr><td>端头不齐</td><td>5</td><td colspan="2"></td></tr>
<tr><td rowspan="8">钢筋骨架</td><td>长</td><td>0，-5</td><td colspan="2"></td></tr>
<tr><td>宽</td><td>±5</td><td colspan="2"></td></tr>
<tr><td>高（厚）</td><td>±5</td><td colspan="2"></td></tr>
<tr><td>主筋间距</td><td>±10</td><td colspan="2"></td></tr>
<tr><td>主筋排距</td><td>±5</td><td colspan="2"></td></tr>
<tr><td>箍筋间距</td><td>±10</td><td colspan="2"></td></tr>
<tr><td>弯起点位置</td><td>15</td><td colspan="2"></td></tr>
<tr><td>端头不齐</td><td>5</td><td colspan="2"></td></tr>
<tr><td colspan="2">保护层</td><td>±3</td><td colspan="2"></td></tr>
<tr><td rowspan="4">桁架筋</td><td>长度</td><td>总长度的±0.3%，且不超过±10</td><td colspan="2"></td></tr>
<tr><td>高度</td><td>+1，-3</td><td colspan="2"></td></tr>
<tr><td>宽度</td><td>±5</td><td colspan="2"></td></tr>
<tr><td>扭翘</td><td>≤5</td><td colspan="2"></td></tr>
<tr><td colspan="7">验收记事：</td></tr>
<tr><td colspan="7">构件生产单位内部质检放行结论</td></tr>
<tr><td colspan="3">班组长：
年　月　日</td><td colspan="2">生产负责人：
年　月　日</td><td colspan="2">质检负责人：
年　月　日</td></tr>
</table>

9. 填写预埋件检查表

根据实际测量数据，规范填写预埋件检查表。预埋件检查表主要内容包括：工具检验记录，预埋件选型检验记录，预埋件固定检验记录，预埋件位置检验记录等，见表 2-29。

表 2-29　预埋件检查表

工程名称				构件编号	
生产班组				检验员	
检查项目			质量检验标准的规定	生产单位检验记录	
预埋件基本检验		使用工具	使用工具正确		
		预埋件选型检验	预埋件选型合理、数量准确		
		预埋件固定检验	安装牢固、无松动		
预埋件位置检验		预埋件固定	预埋件固定数量符合图纸要求，不漏放		
	允许偏差/mm	使用工具	钢卷尺		
		预埋钢板 中心线位置偏差	5		
		预埋钢板 平面高差	0，−5		
		预埋螺栓 中心线位置偏移	2		
		预埋螺栓 外露长度	+10，−5		
		预埋线盒、电盒 在构件平面的水平方向中心位置偏差	10		
		预埋线盒、电盒 与构件表面混凝土高差	0，−5		
		预留孔 中心线位置偏移	5		
		预留孔 孔尺寸	±5		
		预留洞 中心线位置偏移	5		
		预留洞 孔尺寸	±5		
		预留插筋 中心线位置偏移	3		
		预留插筋 外露长度	±5		
		吊环、木砖 中心线位置偏移	10		
		吊环、木砖 留出高度	0，−10		
验收记事：					
构件生产单位内部质检放行结论					
班组长： 年　月　日		生产负责人： 年　月　日		质检负责人： 年　月　日	

二、钢筋绑扎施工要求

1）钢筋弯心直径、平直段长度应符合设计要求或国家现行标准的有关规定，钢筋弯曲成形后表面不得有裂纹、鳞落等现象。预制混凝土叠合板设置桁架钢筋构造应符合要求。

2）钢筋桁架采用焊接成形，所有交叉点处都应焊接牢固，箍筋弯钩叠合处沿受力筋方向错开放置。桁架与预埋有冲突时，优先预埋可以适当调整桁架位置。

3）绑扎板筋时宜用顺扣或八字扣，每个交叉点均要绑扎牢固，叠合板吊环要穿过桁架钢筋，绑扎在指定位置。扎丝头的方向要求统一朝上，扎丝的绕圈至少三圈但不能绕断扎丝，扎丝头不可伸入保护层。

4）桁架垫块呈梅花形布置，混凝土保护层应符合国家现行标准和设计要求。

5）钢筋桁架制作成型后，按规定要求实测检查，填写记录，检查合格后，分类堆放，并设明显标识牌。钢筋桁架应轻放入模，入模时应平直、无损伤，表面不得有油污或锈蚀。

6）两端外露部分钢筋应用钢筋或木条夹绑固定，插筋的外露长度应符合设计图要求；外露钢筋出筋处，应用泡沫条塞严，防止漏浆。

7）钢筋网片或桁架装入模具后，应按设计要求对钢筋位置、规格、间距、保护层厚度等进行检查，允许偏差应符合规范规定。若钢筋上翘没有与垫块接触，需用模具定位磁铁将其校正。

三、预埋件安装要求

1）预埋件所用材料、加工尺寸、焊缝高度与长度应符合设计要求。

2）做预埋标示前，保持图纸和模具方向的一致性。

3）对于预埋较多的模具要看清位置尺寸和预埋构件外形尺寸的标注。

4）任何预埋件在使用之前一定要清理干净，尤其要清除磁铁底面、螺杆、预埋件外侧残留的混凝土。

5）预埋件的放置不可旋转，且必须牢固。

6）侧模上的预埋件用工具式螺栓固定，底面上的预埋件可与钢筋焊接固定或用镀锌钢丝将预埋件锚筋与主筋绑扎固定；浇筑面上的预埋件用附加定位板及螺栓固定。线盒可采用橡胶预埋块进行固定或者用螺杆加磁铁进行固定。

7）预埋件固定之后，必须要用手试摇确认牢固程度。

8）预留孔要用棉丝或柔性棉布材料封堵严实，防止混凝土浆体渗入。

9）电线盒用胶带或磁力盒将其固定在底模上，防止浇筑时混凝土进入线盒。

10）预埋件固定位置，要求预埋件不得与主筋相碰，且应设置在主筋内侧，预埋件不应突出混凝土表面，也不应大于构件的外形尺寸。

11）预埋件和预留孔洞尺寸允许偏差及检验方法应符合规范规定。

知识点5：装配式建筑构件制作工完料清

结束生产前，需要进行工完料清操作，包括设备归还、钢筋清点入库、设备维护等操作。施工工艺包括：拆解复位埋件、拆解复位钢筋、拆解复位模具、工具入库、材料回收、场地清理。

（1）拆解复位预埋件　正确使用工具（扳手）依据先装后拆的原则拆除预埋件，并将预埋件放置原位。

（2）拆解复位钢筋　正确使用工具（扎钩）依据先装后拆的原则拆除钢筋，并放置原位。

（3）拆解复位模具　正确使用工具（扳手、撬棍）依据先装后拆的原则拆除磁盒、螺栓，并将模具、磁盒、螺栓放置原位。

（4）工具入库　清点工具，对需要保养的工具（如工具污染、损坏）进行保养或交予工作人员处理。

（5）材料回收　回收可再利用材料，放置原位，分类明确，摆放整齐。

（6）场地清理　正确使用工具（扫把）清理模台和地面，不得有垃圾，比如扎丝等。清理完毕后归还清理工具。

知识点 6：装配式建筑构件制作安全要求

生产过程中严格按照安全文明生产规定操作，无恶意损坏工具、原材料且无因操作失误造成人员伤害等行为，除此之外，还应满足以下几点：

1）生产前，应对作业人员进行安全交底。

2）吊运重物时，必须设置安全警戒线，并安排专人监督管理。

3）模板临时堆放及装拆时，必须有可靠的防倾倒措施。

学习情境三　装配式混凝土建筑构件吊装

学习情境描述

某校3号家属楼项目为装配式建筑居民楼，该楼采用全装配式钢筋混凝土剪力墙-梁柱结构体系，预制率95%以上，抗震设防烈度为7度，结构抗震等级为三级，该工程地上25层、地下2层，预制构件共27816块，其中水平构件及竖向构件连接均采用灌浆套筒连接方式，该项目技术员王工需要结合施工及验收规范的要求，完成预制剪力墙等竖向构件的吊装任务，如图3-1所示。

本情境需要学员协助王工完成预制剪力墙的吊装任务，从而熟悉构件吊装和现浇节点连接的施工流程和质量检验流程，掌握竖向构件的安装技能点等装配化施工岗位技能模拟操作以及吊装质量检验的技能点。

图3-1　剪力墙吊装示意图

学习目标

通过本学习情境的学习与实践，应达到以下目标：

1. 能根据给定图纸进行施工准备。
2. 独立制定剪力墙吊装的安装流程和质量检验流程。
3. 在教师的指导下，小组成员协作完成所有吊装任务。
4. 合理进行施工组织管理与安全文明施工。

施工任务单

工程施工任务单见表 3-1。

表 3-1　工程施工任务单

专业班组		班长		日期	
施工任务：装配式混凝土剪力墙的吊装					
检查意见：					
签章：					

任务分组

以小组为单位，进行任务分工，完成施工前准备、识图、备料、起吊和安装，并随时进行质量控制。任务分配表见表 3-2。

表 3-2　任务分配表

班级		组号		指导教师	
组长		学号			
组员	学号	姓名	任务分工		

获取信息

要完成装配式混凝土结构预制剪力墙的吊装，需要查阅、收集相关资料，了解其工艺流程和相关质量控制要点。

引导问题 1：装配整体式叠合剪力墙体系的优点有哪些？

____

____

____

____

____

引导问题 2：现场吊装设备都有哪些？

____

____

____

____

____

引导问题 3：叠合剪力墙安装垂直度允许偏差是 ______mm。

引导问题 4：塔式起重机起吊构件时需要考虑哪些因素？

____

____

____

____

____

引导问题 5：斜撑上部通过专用螺栓与预制墙板上部______处、下部预制墙板______处预埋的连接件连接。

引导问题 6：预制剪力墙进场时需要验收哪些方面？

____

____

____

____

引导问题 7：叠合剪力墙上部支撑与水平楼面的夹角在______之间，下部支撑与楼面的夹角在______之间。

引导问题 8：简述预制剪力墙板的安装施工工艺流程。

____

____

____

____

引导问题 9：吊具应根据安装构件形状、尺寸及重量等参数进行配置，吊索夹角不宜小于________，且不应小于________。

引导问题 10：剪力墙板就位后，应进行测量确认和调整，并应符合哪些规定？

____

____

____

____

____

引导问题 11：剪力墙吊装质量检验包括哪些方面？

____

____

____

____

工作计划

按照收集的资料，制定初步施工方案，并填入表 3-3 中。

表 3-3　吊装施工方案

序号	项目名称	工作内容	质量控制要点	制定人
1	施工前准备			
2	剪力墙吊装			
3	质量检验			
4	工完料清			

进行决策

教师针对各小组获取的信息，以及制定的施工计划进行汇总，对学员理解不全面，查找有误的信息进行讲解，并提出指导性意见，学员重新修订施工方案，准备施工。

工作实施

按照收集的资料信息以及修订后的施工方案，完成施工。

1. 填写工具、材料清单（表 3-4）

表 3-4　工具、材料清单

序号	名称	型号与规格	单位	数量	备注

2. 填写施工日志（表 3-5）

表 3-5　施工日志

<table>
<tr><td rowspan="2">气候</td><td colspan="6">（晴、阴雨、风力、温度）</td></tr>
<tr><td>上午</td><td></td><td>下午</td><td></td><td>夜间</td><td></td></tr>
<tr><td rowspan="5">吊装记录</td><td>任务名称</td><td>选用工具</td><td>使用材料</td><td>工艺流程</td><td>吊装问题</td><td>技术质量安全问题</td></tr>
<tr><td>施工前准备</td><td></td><td></td><td></td><td></td><td></td></tr>
<tr><td>剪力墙吊装</td><td></td><td></td><td></td><td></td><td></td></tr>
<tr><td>质量检验</td><td></td><td></td><td></td><td></td><td></td></tr>
<tr><td>工完料清</td><td></td><td></td><td></td><td></td><td></td></tr>
</table>

3. 填写验收表（表3-6）

表3-6　剪力墙安装质量验收记录表

<table>
<tr><td>工程名称</td><td></td><td>构件名称</td><td></td></tr>
<tr><td>吊装班组</td><td></td><td>检验员</td><td></td></tr>
<tr><td>检查项目</td><td>质量检验标准的规定</td><td colspan="2">吊装单位检验记录</td></tr>
<tr><td>连接牢固程度</td><td>螺栓连接牢固</td><td colspan="2"></td></tr>
<tr><td>安装位置</td><td>安装位置误差范围（8mm，0）</td><td colspan="2"></td></tr>
<tr><td>垂直度</td><td>垂直度误差范围（5mm，0）</td><td colspan="2"></td></tr>
<tr><td colspan="4">验收记事：</td></tr>
</table>

<table>
<tr><td colspan="3">构件吊装单位内部质检放行结论</td></tr>
<tr><td>班组长：

年　月　日</td><td>吊装负责人：

年　月　日</td><td>质检负责人：

年　月　日</td></tr>
</table>

评价反馈

评价反馈按照实际施工验收标准进行打分，同时考虑职业素养，共设置 6 个评价项目。最终成绩=(项目 1 成绩+项目 2 成绩+项目 3 成绩+项目 4 成绩+项目 5 成绩)×70%+项目 6 成绩×30%，并将打分结果填入表 3-7 中。

表 3-7　综合评价表

班级：		姓名：		学号：			
学习情境三		装配式混凝土建筑构件吊装					
项目	施工过程	具体内容		评分标准	分值	得分	备注
1	施工前准备	劳保用品准备	佩戴安全帽	内衬圆周大小调节到头部稍有约束感为宜。下颚带应紧贴下颚，松紧以下颚有约束感，但不难受为宜	4		
			穿戴劳保工装、防护手套	劳保工装做到“统一、整齐、整洁”，并做好“三紧”，即领口紧、袖口紧、下摆紧；严禁卷袖口、卷裤腿等现象。必须正确佩戴手套，方可进行施工	6		
		设备检查	检查施工设备（如吊装机具等）	操作开关（如有）或手动检查吊装机具是否正常运转，吊具是否正常使用	4		
		领取工具	领取构件安装所有工具	领取工具，放置指定位置，摆放整齐	2		
		领取材料	领取构件安装所有材料	领取全部材料（如钢筋、模板、辅材），放置指定位置，摆放整齐	2		
		卫生检查及清理	施工场地卫生检查及清扫	正确使用工具（扫把）清理模台。场地、模台干净清洁	2		
2	剪力墙板吊装	剪力墙质量检查	依据图纸进行剪力墙质量检查（尺寸、外观、平整度、埋件位置及数量等）	正确使用工具（钢卷尺、靠尺、塞尺），检查构件尺寸、外观、平整度、埋件位置及数量等是否符合图纸要求	6		
		连接钢筋处理	连接钢筋除锈	正确使用工具（钢丝刷），对生锈钢筋进行处理，若没有生锈钢筋，则无需除锈	2		
			钢筋长度检查及校正	正确使用工具（钢卷尺、角磨机），对每根钢筋进行测量，指出不符合要求的钢筋，并用角磨机切割	2		
			钢筋垂直度检查及校正	正确使用工具（靠尺、钢管），对每根钢筋进行两个方向（90°夹角）测量，指出不符合要求的钢筋，并用钢管校正	2		

（续）

项目	施工过程	具体内容		评分标准	分值	得分	备注
2	剪力墙板吊装	工作面处理	凿毛处理	正确使用工具（铁锤、錾子），对定位线内工作面进行粗糙面处理	2		
			工作面清理	正确使用工具（扫把），对工作面进行清理	2		
			洒水湿润	正确使用工具（喷壶），对工作面进行洒水湿润处理	2		
		分仓判断		根据图纸给出信息进行计算，当最远套筒距离≤1.5m 则不需分仓，否则需要分仓	4		
		弹控制线		正确使用工具（钢卷尺、墨盒、铅笔），根据已有轴线或定位线引出 200~500mm 控制线	4		
		放置橡塑棉条		正确使用材料（橡塑棉条），根据定位线或图纸放置橡塑棉条至保温板位置	2		
		放置垫块		正确使用材料（垫块），在墙两端距离边缘 4cm 以上，远离钢筋位置处放置 2cm 高垫块	2		
		标高找平		正确使用工具（水准仪、水准尺），先后视假设标高控制点，再将水准尺分别放置在垫块顶，若垫块标高符合要求则不需调整，若垫块不在误差范围内，则需换不同规格的垫块	4		
		剪力墙吊装	吊具连接	选择吊孔，满足吊链与水平夹角不宜小于 60°	4		
			剪力墙试吊	正确操作吊装设备起吊构件至距离地面约 300mm，停滞，观察吊具是否安全	2		
			剪力墙吊运	正确操作吊装设备吊运剪力墙，缓起、匀升、慢落	4		
			剪力墙安装对位	正确操作吊装设备，正确使用工具（2 面镜子），将镜子放置在墙体两端钢筋相邻处，观察套筒与钢筋的位置关系，边调整剪力墙位置边下落	4		
		剪力墙临时固定		正确使用工具（斜支撑、扳手、螺栓），临时固定墙板	2		

（续）

项目	施工过程	具体内容		评分标准	分值	得分	备注
2	剪力墙板吊装	剪力墙调整	剪力墙位置测量及调整	正确使用工具（钢卷尺、撬棍），先进行剪力墙位置测量是否符合要求，如误差>1cm，则用撬棍进行调整	4		
			剪力墙垂直度测量及调整	正确使用工具［钢卷尺、线坠（或有刻度靠尺）］，检查是否符合要求，如误差>1cm，则调整斜支撑进行校正	4		
		剪力墙终固定		正确使用工具（扳手）进行终固定	2		
		摘除吊钩		摘除吊钩	2		
3	质量控制	剪力墙安装连接牢固程度		剪力墙吊装质量检查，根据测量数据判断是否符合标准	6		
		剪力墙安装位置误差范围（8mm，0）					
		剪力墙垂直度（5mm，0）					
		钢筋绑扎是否牢固					
		垫块布置间距 500mm，误差范围（10mm，0）					
4	工完料清	工具入库	清点工具，对需要保养的工具（如工具污染、损坏）进行保养或交于工作人员处理		2		
		材料回收	回收可再利用材料，放置原位，分类明确，摆放整齐		2		
		场地清理	正确使用工具（扫把）清理模台和地面，不得有垃圾（扎丝），清理完毕后归还清理工具		2		
5	安全施工	施工过程中严格按照安全文明生产规定操作，无恶意损坏工具、原材料且无因操作失误造成人员伤害等行为		出现严重损坏设备、伤人事件，判定操作人员不合格。出现墙板碰撞、手放置在墙底等一般危险行为，出现一项则对相关人扣 1 分	6		
6	职业素养	工作态度		态度端正，没有无故缺勤、迟到、早退现象	20		
		工作质量		能按计划完成工作任务	20		
		协调能力		与小组成员之间能合作交流、协调工作	20		
		职业素质		能做到保护环境，爱护公共设施	20		
		创新意识		通过完成施工任务，能够总结归纳施工控制要点，从而改良施工操作方法，提高产品质量	20		
合计							

相关知识点

知识点 1：装配式混凝土建筑构件吊装施工前准备

1. 技术准备

1）熟悉图纸，掌握预制混凝土墙板型号、位置、尺寸标高和构造做法等。

2）收集施工相关技术标准。

3）进行砂浆配合比设计。

4）熟悉施工方案或作业指导书，对施工操作人员进行技术交底。

2. 物资准备

1）预制混凝土墙板进场后检查型号、几何尺寸及外观质量，应符合设计要求。横腔、竖腔防水构造完整，构件应有出厂合格证。

2）准备防水砂浆、PE 棒或聚乙烯棒、防水密封胶、止水条、防水胶带等。

3）水泥、中砂、电焊条、钢筋连接用套筒、灌浆料、钢筋、扎丝、预拌混凝土、现浇墙板用模板、对拉螺栓等材料应满足设计和相关技术标准的要求。

3. 施工设施准备

1）施工机械：吊装机械（塔式起重机、吊车等）、电焊机、切割机等。

2）工具、用具：吊装用扁担梁、钢丝绳吊具、卡环、垫块、镜子、扳手、临时固定卡具、钢丝、墨斗、工具刀等。

3）监测装置：经纬仪、水准仪、钢卷尺、塔尺、水平尺、2m 靠尺等。

4. 作业条件准备

1）在起重机的工作范围内无障碍物，并应有堆放适当数量配套预制构件的场地。

2）场内运输宜设置循环道路。

3）搭设脚手架、操作面及安全设施。

4）施工机械配有持上岗证的操作人员，并对机械设备进行检查调试。

5. 预制构件进场验收

1）预制构件进场首先检查构件合格证并附构件出厂混凝土同条件抗压强度报告。

2）预制构件进场检查构件标识是否准确、齐全。

① 型号标识：类别、连接方式、混凝土强度等级、尺寸。

② 安装标识：构件位置、连接位置。

3）预制构件进场质量验收如图 3-2 所示，预制构件质量验收项目见表 3-8。

图 3-2　预制构件质量验收示意图

表 3-8　预制构件质量验收项目表

序号	验收项目	验收要求
1	预制混凝土构件观感质量检验	满足要求
2	预制混凝土构件尺寸及其误差	满足要求
3	预制混凝土构件间结合构造	满足要求
4	预留连接孔洞的深度及垂直度	满足要求
5	灌浆孔与排气孔是否畅通	——对应检查标识
6	预制混凝土构件端部各种线管出入口的位置	准确
7	吊装、安装预埋件的位置	准确
8	叠合面处理	满足要求

4）预制构件结构性能验收项目见表 3-9。

表 3-9　预制构件结构性能验收项目表

序号	验收项目	验收要求
1	预制混凝土构件的混凝土强度	符合设计要求
2	预制混凝土构件的钢筋力学性能	符合设计要求
3	预制混凝土构件的隐蔽工程验收	合格
4	预制混凝土构件的结构实体检验	合格

注：对结构性能检验不合格的构件不得作为结构构件使用，应返厂处理。对非结构性损伤进行修补，修补后重新进行检验，合格后方可使用。

6. 测量放线

1）预制构件安装放线遵循“先整体、后局部”的程序。

2）首层定位轴线的四个基准外角点（距相邻两条外轴线 1m 的垂线交点）用经纬仪从四周龙门桩上引入，或用全站仪从现场 GPS 坐标定位的基准点引入；楼层标高控制点用水准仪从现场水准点引入。

3）首层定位放线，使用经纬仪利用引入的四个基准外角点放出楼层四周外墙轴线。待轴线复核无误后，作为本层的基准线。

4）以四周外墙轴线为基准线，使用5m钢卷尺放出外墙安装位置线。先放四个外墙角位置线，后放外墙中部墙体位置线。

5）待四周外墙位置线放好后，以此为控制线，以50m钢卷尺为工具放内墙位置线。先放楼梯间的三面内墙位置线，再放其他内墙位置线；先放大墙位置线，后放小墙位置线；先放承重墙位置线，后放非承重墙位置线。

6）在预留门洞处必须准确无误地放出门洞线。

7）在外墙内侧、内墙两侧20cm处放出墙体安装控制线。

8）使用水准仪利用楼层标高控制点，控制好预制墙体下垫块表面标高。

9）待预制墙体构件安装好后，使用水准仪并利用楼层标高控制点，在墙体上放出50cm控制线，以此作为预制叠合梁、板和现浇板模板安装的标高控制线。

10）根据墙线外侧20cm控制线，放出预制楼梯叠合梁安装轴线；根据墙体上弹好的50cm控制线，放出预制楼梯叠合梁安装标高，要注意预制楼梯板表面建筑标高与50cm控制线结构标高的高差。

11）在楼梯间相应的剪力墙上弹出楼梯踏步的最上一步及最下一步位置，用来控制楼梯安装的标高位置。

12）在混凝土浇捣前，使用水准仪、标尺放出上层楼板结构标高，在预制墙体构件预留插筋上相应水平位置缠好白胶带，以白胶带下边线为准。在白胶带下边线位置系上细线，形成控制线，控制住楼板、梁混凝土的施工标高。

13）上层标高控制线，用水准仪和标尺由下层50cm控制线引用至上层。

14）构件安装测量允许偏差：平台面的抄平±1mm；预装过程中抄平±2mm。

11. 外墙挂板吊装

知识点2：装配式混凝土外墙挂板吊装

预制混凝土外墙挂板吊装如图3-3所示。

图3-3　预制混凝土外墙挂板吊装示意图

预制混凝土外墙挂板吊装流程如图 3-4 所示。

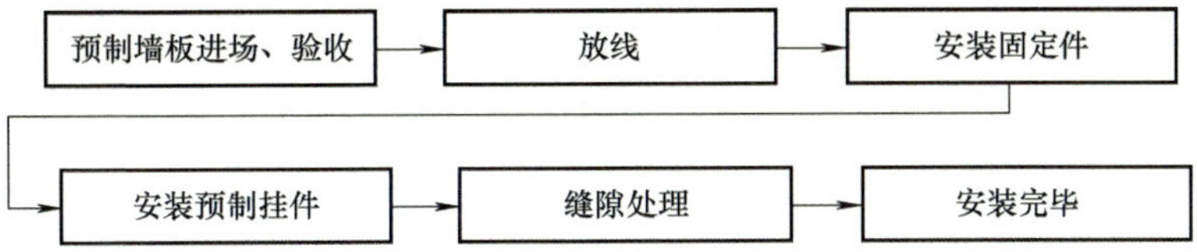

图 3-4　预制混凝土外墙挂板吊装流程

1. 施工要点

（1）外墙挂板施工前准备　结构每层楼面轴线垂直控制点不应少于 4 个，楼层上的控制轴线应使用经纬仪由底层原始点直接向上引测，每个楼层应设置 1 个高程控制点；预制构件控制线应由轴线引出。每块预制构件应有纵横控制线 2 条；预制外墙挂板安装前应在墙板内侧弹出竖向与水平线，安装时应与楼层上该墙板控制线相对应。当采用饰面砖外装饰时，饰面砖竖向、横向砖缝应引测，贯通到外墙内侧来控制相邻板与板之间、层与层之间饰面砖砖缝对直；预制外墙板垂直度测量，4 个角留设的测点为预制外墙板转换控制点，用靠尺以此 4 个点在内侧进行垂直度校核和测量。应在预制外墙板顶部设置水平标高点，在上层预制外墙板吊装时，应先垫垫块或在构件上预埋标高控制调节件。

（2）外墙挂板的吊装　预制构件应按照施工方案吊装顺序预先编号，严格按照编号顺序起吊；吊装应采用慢起、稳升、缓放的操作方式，应系好缆风绳控制构件转动；在吊装过程中，应保持稳定，不得偏斜、摇摆和扭转。预制外墙板的校核与偏差调整应按以下要求进行：

1）预制外墙挂板侧面中线及板面垂直度的校核，应以中线为主调整。

2）预制外墙板上下校正时，应以竖缝为主调整。

3）墙板接缝应以满足外墙面平整为主，内墙面不平或翘曲时，可在内装饰或内保温层内调整。

4）预制外墙板山墙阳角与相邻板的校正，以阳角为基准调整。

5）预制外墙板拼缝平整的校核，应以楼地面水平线为准调整。

（3）外墙挂板底部固定、外侧封堵　外墙挂板底部坐浆材料的强度等级不应小于被连接构件的强度，坐浆层的厚度不应大于 20mm，底部坐浆强度检验以每层为一个检验批，每工作班组应制作一组且每层不应少于 3 组边长为 70. 7mm 的立方体试件，标准养护 28d 后进行抗压强度试验。外墙挂板外侧为了防止坐浆料外漏，应在外侧保温板部位固定 50mm（宽）×20mm（厚）的具备 A 级保温性能的材料进行封堵。预制构件吊装到位后应立即进行下部螺栓固定并做好防腐防锈处理。上部预留钢筋与叠合板钢筋或框架梁预埋件焊接。

2. 施工注意事项

预制外墙挂板连接接缝采用防水密封胶施工时应符合下列规定：

1）预制外墙挂板连接接缝防水节点基层及空腔排水构造做法符合设计要求。

2）预制外墙挂板外侧水平、竖直接缝用防水密封胶封堵前，侧壁应清理干净，保持干燥。嵌缝材料应与挂板牢固粘结，不得漏嵌或虚粘。

3）外侧竖缝及水平缝防水密封胶的注胶宽度、厚度应符合设计要求，防水密封胶应在预制外墙挂板校核固定后嵌填，先安放填充材料，然后注胶。防水密封胶应均匀顺直、饱满密实，表面光滑连续。

4）外墙挂板“十”字拼缝处的防水密封胶注胶应连续完成。

12. 剪力墙吊装前准备（实操）

13. 剪力墙吊装及质量检验（实操）（1）

14. 剪力墙吊装及质量检验（实操）（2）

知识点 3：装配式混凝土剪力墙吊装

（1）墙体构件安装工艺　抄平放线→标高找平控制块→安装外墙（内墙）→安装斜撑→校核墙体轴线及垂直度→墙底用砂浆封堵→墙体后浇带钢筋绑扎→墙体后浇带支模（2/3 高度）→墙体后浇带浇筑。

（2）抄平放线　先放出墙体外边四周控制轴线，并保证外墙大角在转角处成 90°规方，再放出每片墙体的位置控制线及抄平每片墙体的标高控制块，每片墙体下的标高控制块不少于 2 块。

（3）标高控制块安放方法　先将垫块一面用角磨机磨平后（垫块长度小于墙体 2mm），用砂浆坐浆安放垫块，水准仪配合标尺调整垫块表面标高，待垫块养护强度达到要求，方可吊装预制墙体构件。

（4）吊装墙体构件　墙体构件起吊时应垂直平稳，吊索与水平线夹角不宜小于 60°，不应小于 45°，下落至安装部位 0.5m 处缓慢就位。墙体构件吊装由 3 人对墙体构件对位、扶正，使下层墙体预留钢筋进入吊装墙体构件中。

（5）墙体构件位置控制　构件安装就位后与预先弹放的控制线吻合。

（6）安装斜撑（图 3-5）

图 3-5　斜撑与楼板固定

1）墙体落稳后，标高、轴线复核完成，安装固定斜撑。

2）斜撑位置设置于墙体 2/3 处，支撑与水平线夹角为 55°～65°，每块墙板设置不少于 2 个支撑。

3）斜撑与墙体及楼板采用膨胀螺栓固定。膨胀螺栓与楼板固定螺栓长 9cm，保证螺栓进入叠合板的预制板内 3cm。

4）使用固定斜撑的微调功能调节墙体的垂直度；应用的斜撑以拉压两种功能为主，斜撑统一固定于墙体的一侧，留出过道，便于其他物品运输。

（7）封堵墙下缝

1）预制墙体构件均为剪力墙，应用砂浆沿剪力墙体下外边四周 2cm 宽度进行抹灰封堵。

2）预制墙体构件内墙含填充墙，应用砂浆沿两侧剪力墙四周 2cm 宽度进行抹灰封堵（图 3-6），待墙体灌浆完成后，将填充墙外侧用砂浆抹灰封边。

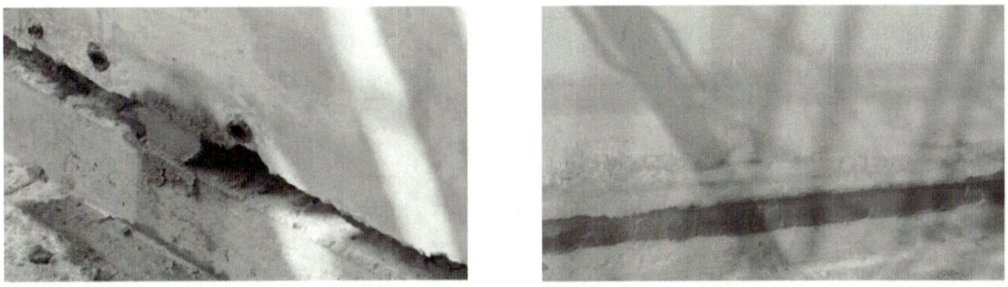

图 3-6　墙下封堵

（8）墙体后浇带钢筋绑扎　先安放后浇带焊接钢筋环，再放置竖向主筋，然后下层预留主筋与本层主筋绑扎，水平箍筋与主筋及墙体预留水平环筋进行绑扎。

（9）墙体后浇带支模　模板采用胶合板，配合 60mm×60mm 木方，用穿墙螺栓固定，支模要严格检查牢固程度，要控制好模板高度、截面尺寸等。模板间缝隙用胶带粘贴，避免浇筑混凝土时漏浆。

（10）墙体后浇带浇筑　混凝土施工至墙体高度的 2/3 处且不超过 2m，剩余混凝土待叠合板现浇层混凝土施工时一起浇筑。

15. 现浇节点连接

16. 现浇节点连接前准备（实操）

17. 现浇节点连接及质量检验（实操）

知识点 4：装配式混凝土现浇节点连接

1. 钢筋连接

1）预制构件的钢筋连接可选用钢筋套筒灌浆连接接头。采用直螺纹钢筋灌浆套筒时，钢筋的直螺纹连接部分应符合现行行业标准《钢筋机械连接技术规程》（JGJ 107—2016）的规定；钢筋套筒灌浆连接部分应符合设计要求及行业标准《钢筋连接用灌浆套筒》（JG/T 398—2019）和《钢筋连接用套筒灌浆料》（JG/T 408—2019）的规定。

2）钢筋连接如果采用钢筋焊接连接，接头应符合现行行业标准《钢筋焊接及验收规程》（JGJ 18—2012）的有关规定；如果采用钢筋机械连接接头应符合现行行业标准《钢筋机械连接技术规程》（JGJ 107—2016）的有关规定，机械连接接头部位的混凝土保护层厚度宜符合现行国家标准《混凝土结构设计规范》（GB 50010—2010）中受力钢筋的混凝土保护层最小厚度的规定，且不得小于15mm；接头之间的横向净距不宜小于25mm；当钢筋采用弯钩或机械锚固措施时，钢筋锚固端的锚固长度应符合现行国家标准《混凝土结构设计规范》（GB 50010—2010）的有关规定；采用钢筋锚固板时，应符合现行行业标准《钢筋锚固板应用技术规程》（JGJ 256—2011）的有关规定。

2. 钢筋定位

1）装配整体式混凝土结构后浇混凝土内的连接钢筋应埋设准确，连接与锚固方式应符合设计和现行有关技术标准的规定。

2）构件连接处钢筋位置应符合设计要求。当设计无具体要求时，应保证主要受力构件和构件中主要受力方向的钢筋位置，并应符合下列规定。

① 框架节点处，梁纵向受力钢筋宜置于柱纵向钢筋内侧。

② 当主次梁底部标高相同时，次梁下部钢筋应放在主梁下部钢筋之上。

③ 剪力墙中水平分布钢筋宜置于竖向钢筋外侧，并在墙端弯折锚固。

3）钢筋套筒灌浆连接接头的预留钢筋应采用专用模具进行定位，并应符合下列规定。

① 定位钢筋中心位置存在细微偏差时，宜采用钢套管方式进行细微调整。

② 定位钢筋中心位置存在严重偏差影响预制构件安装时，应按设计单位确认的技术方案处理；应采用可靠的绑扎固定措施对连接钢筋的外露长度进行控制。

预留钢筋定位精度对预制构件的安装有重要影响，因此对预埋于现浇混凝土内的预留钢筋采用专用定型钢模具对其中心位置进行控制，采用可靠的绑扎固定措施对连接钢筋的外露长度进行控制。

4）预制构件的外露钢筋应防止弯曲变形，并在预制构件吊装完成后，对其位置进行校核与调整。

3. 后浇混凝土处预制件的表面处理

混凝土连接主要是预制构件与后浇混凝土的连接。为加强预制构件与后浇混凝土间的连接，预制构件与后浇混凝土的结合面要设置相应粗糙面和抗剪键槽。粗糙面处理即通过外力使预制构件与后浇混凝土结合处变得粗糙，露出碎石等骨料。通常有人工凿毛法、机械凿毛法、缓凝水冲法三种方法。

（1）人工凿毛法　人工凿毛法指工人使用铁锤和凿子剔除预制部件结合面的表皮，露出碎石骨料，增加结合面的黏结粗糙度，此方法的优点是简单、易于操作；缺点是费工费时，效率低。

（2）机械凿毛法　机械凿毛法是使用专门的小型凿岩机配置梅花平头钻，剔除结合面混凝土的表皮，增加结合面的黏结粗糙度。此方法优点是方便快捷，机械小巧易于操作；缺点是操作人员的作业环境差，有粉尘污染。预制柱、预制剪力墙板和预制楼板等构件的接缝处，结合面宜优选混凝土粗糙面的做法；预制梁侧面应设置键槽，且宜同时设置粗糙面，键槽的尺寸和数量应满足受剪承载力的要求。

（3）缓凝水冲法　缓凝水冲法是混凝土结合面粗糙度处理的一种新工艺，是指在构件混凝土浇筑前，将含有缓凝剂的浆液涂刷在模板壁上；浇筑混凝土后，利用已浸润缓凝剂的表面混凝土与内部混凝土的缓凝时间差，用高压水枪冲洗未凝固的表层混凝土，冲掉表面浮浆，显露出骨料，形成粗糙的表面，此法具有成本低、效果佳、功效高且易于操作的优点，应用广泛。

18. 吊装质量检验

知识点 5：装配式混凝土建筑构件吊装质量检验

1）预制构件外墙板与构件、配件的连接应牢固可靠。

① 检查数量：全数检查。

② 检查方法：观察检查。

2）后浇连接部位的钢筋品种、级别、规格、数量和间距应符合设计要求。

① 检查数量：全数检查。

② 检验方法：观察，钢尺检查。

后浇连接部位钢筋的品种、级别、规格、数量和间距对结构的受力性能有重要影响，必须符合设计要求。

3）对于承受内力的接头和拼缝，当其混凝土强度未达到设计要求时，不得吊装上一层结构构件；当设计无具体要求时，应在混凝土强度不小于 10MPa 或具有足够的支撑时方可吊装上一层结构构件。装配整体式混凝土结构施工时，尚未形成完整的结构受力体系。对于已安装完毕的装配整体式混凝土结构，应在混凝土强度达到设计要求后，方可承受全部设计荷载。

① 检查数量：全数检查。

② 检验方法：观察，检查混凝土同条件试件强度报告。

4）预制构件与主体结构之间、预制构件和预制构件之间的钢筋接头应符合设计要求，施工前应对接头施工进行工艺检验。

① 检查数量：全数检查。

② 检查方法：观察检查，检查施工记录和检测报告。

采用机械连接时，接头质量应符合现行行业标准《钢筋机械连接技术规程》（JGJ 107—2016）的要求：采用灌浆套筒时，接头抗拉强度及残余变形应符合现行行业标准《钢筋机械连接技术规程》（JGJ 107—2016）中对 I 级接头的要求；采用浆锚搭接连接时，要对预留孔成孔工艺、孔道形状和长度、构造要求、灌浆料和被连接钢筋，进行力学性能以及适用性的试验验证。其中，直径大于 20mm 的钢筋不宜采用浆锚搭接连接，直接承受动力荷载构件的纵向钢筋不应采用浆锚搭接连接。浆锚搭接连接成本低、操作简单，但因结构受力的局限性，浆锚搭接连接只适用于房屋高度不大于 12m 或者层数不超过 3 层的装配整体式框架结构的预制柱纵向钢筋连接。

采用焊接连接时，接头质量应符合现行行业标准《钢筋焊接及验收规程》（JGJ 18—2012）的要求，检查焊接产生的焊接应力和温差是否造成预制构件出现影响结构性能的质量缺陷，对已出现的缺陷，应先处理合格再进行混凝土浇筑。

5）钢筋套筒接头灌浆料配合比应符合灌浆工艺及灌浆料使用说明书的要求。

① 检查数量：全数检查。

② 检查方法：观察检查。

6）装配整体式混凝土结构钢筋套筒连接或浆锚搭接连接灌浆应饱满，所有出浆口均应出浆；采用专用堵头封闭后灌浆料不应有任何外漏。

① 检查数量：全数检查。

② 检查方法：观察检查。

本条要求验收时对套筒连接或浆锚搭接连接灌浆饱满情况进行检验，通常的检验方式为观察溢流口浆料情况，当出现浆料连续冒出时，可视为灌浆饱满。

7）施工现场钢筋套筒接头灌浆料应留置同条件养护试块，试块强度应符合《水泥基灌浆材料应用技术规范》（GB/T 50448—2015）的规定。

① 检查数量：同种直径每班灌浆接头施工时留置一组试件，每组 3 个试块，试块规格为 40mm×40mm×160mm。

② 检查方法：检查试件强度试验报告。

8）装配整体式混凝土结构安装完毕后，预制构件安装尺寸允许偏差应符合表 3-10 的要求。

检查数量：按楼层、结构缝或施工段划分检验批。在同一检验批内，对梁、柱，应抽查构件数量的 10%，且不少于 3 件；对于墙和板，应按有代表性的自然间抽查 10%，且不少于 3 件；对于大空间结构，墙可按相邻轴线间高度 5m 左右划分检查面，板可按纵、横轴线划分检查面，抽查 10%，且均不少于 3 面。

9）预制构件节点与接缝防水检验。

① 检查数量：按批检验。每 1000m^2 外墙面应划分为一个检验批，不足 1000m^2 时也应划分为一个检验批；每个检验批每 100m^2 应至少抽查一处，每处不得少于 10m^2。

② 检验方法：检查现场淋水试验报告。

装配式结构预制构件检验批质量验收记录、装配式结构安装与连接检验批质量验收记录以及构件吊装施工记录见表 3-11～表 3-13。

表 3-10　预制构件安装尺寸允许偏差

项目			允许偏差/mm	检验方法
构件中心线对轴线位置	基础		15	尺量检查
	竖向构件		10	
	水平构件		5	
构件标高	梁板底面或顶面		±5	水准仪或尺量检查
	柱、墙板顶面		±3	
构件垂直度	柱、墙板	<5m	5	经纬仪测量
		≥5m 且<10m	10	
		≥10m	20	
构件倾斜度	梁、桁架		5	垂线、尺量检查
相邻构件平整度	板端面		5	钢尺、塞尺测量
	梁、板下表面	抹灰	3	
		不抹灰	5	
	柱、墙板侧表面	外露	5	
		不外露	10	
构件搁置长度	梁、板		±10	尺量检查
支座、支垫中心位置	梁、板、柱、墙、桁架		±10	尺量检查
接缝宽度			±5	尺量检查

表 3-11　装配式结构预制构件检验批质量验收记录

编号：

<table>
<tr><td>单位（子单位）工程名称</td><td colspan="3"></td><td>检验批容量</td><td></td></tr>
<tr><td>分部（子分部）工程名称</td><td>主体结构分部-混凝土结构子分部</td><td>分项工程名称</td><td>装配式结构分项</td><td rowspan="3">检验批部位</td><td rowspan="3"></td></tr>
<tr><td>施工单位</td><td></td><td>项目经理</td><td></td></tr>
<tr><td>分包单位</td><td></td><td>分包项目经理</td><td></td></tr>
<tr><td>施工依据</td><td colspan="2">《混凝土结构工程施工规范》（GB 50666—2011）</td><td>验收依据</td><td colspan="2">《混凝土结构工程施工质量验收规范》（GB 50204—2015）</td></tr>
</table>

<table>
<tr><td colspan="5">验收项目</td><td>设计要求及规范规定</td><td>样本总数</td><td colspan="2">最小/实际抽样数量</td><td>检查记录</td><td>检查结果</td></tr>
<tr><td rowspan="4">主控项目</td><td>1</td><td colspan="3">预制构件的质量</td><td>第 9.2.1 条</td><td></td><td></td><td>/</td><td></td><td></td></tr>
<tr><td>2</td><td colspan="3">专业企业生产预制构件的结构性能检验</td><td>第 9.2.2 条</td><td></td><td></td><td>/</td><td></td><td></td></tr>
<tr><td>3</td><td colspan="3">预制构件的外观不应有严重缺陷</td><td>第 9.2.3 条</td><td></td><td></td><td>/</td><td></td><td></td></tr>
<tr><td>4</td><td colspan="3">预埋件、预留插筋、预埋管线等的规格和数量以及预留孔、预留洞的数量</td><td>第 9.2.4 条</td><td></td><td></td><td>/</td><td></td><td></td></tr>
<tr><td rowspan="14">一般项目</td><td>1</td><td colspan="3">预制构件的标识</td><td>第 9.2.5 条</td><td></td><td></td><td>/</td><td></td><td></td></tr>
<tr><td>2</td><td colspan="3">预制构件的外观质量不应有一般缺陷</td><td>第 9.2.6 条</td><td></td><td></td><td>/</td><td></td><td></td></tr>
<tr><td rowspan="4">3</td><td rowspan="4">长度</td><td rowspan="3">楼板、梁、柱、桁架</td><td><12m</td><td>±5mm</td><td></td><td></td><td>/</td><td></td><td></td></tr>
<tr><td>≥12m 且<18m</td><td>±10mm</td><td></td><td></td><td>/</td><td></td><td></td></tr>
<tr><td>≥18m</td><td>±20mm</td><td></td><td></td><td>/</td><td></td><td></td></tr>
<tr><td colspan="2">墙板</td><td>±4mm</td><td></td><td></td><td>/</td><td></td><td></td></tr>
<tr><td rowspan="2">4</td><td rowspan="2">宽度、高（厚）度</td><td colspan="2">楼板、梁、柱、桁架</td><td>±5mm</td><td></td><td></td><td>/</td><td></td><td></td></tr>
<tr><td colspan="2">墙板</td><td>±4mm</td><td></td><td></td><td>/</td><td></td><td></td></tr>
<tr><td rowspan="2">5</td><td rowspan="2">表面平整度</td><td colspan="2">楼板、梁、柱、墙板内表面</td><td>5mm</td><td></td><td></td><td>/</td><td></td><td></td></tr>
<tr><td colspan="2">墙板外表面</td><td>3mm</td><td></td><td></td><td>/</td><td></td><td></td></tr>
<tr><td rowspan="2">6</td><td rowspan="2">侧向弯曲</td><td colspan="2">楼板、梁、柱</td><td>L/750 且≤20（L=　　mm）</td><td></td><td></td><td>/</td><td></td><td></td></tr>
<tr><td colspan="2">墙板、桁架</td><td>L/1000 且≤20（L=　　mm）</td><td></td><td></td><td>/</td><td></td><td></td></tr>
<tr><td rowspan="2">7</td><td rowspan="2">翘曲</td><td colspan="2">楼板</td><td>L/750（L=　　mm）</td><td></td><td></td><td>/</td><td></td><td></td></tr>
<tr><td colspan="2">墙板</td><td>L/1000（L=　　mm）</td><td></td><td></td><td>/</td><td></td><td></td></tr>
</table>

表 3-12　装配式结构安装与连接检验批质量验收记录

编号：

单位（子单位）工程名称				检验批容量	
分部（子分部）工程名称	主体结构分部-混凝土结构子分部	分项工程名称	装配式结构分项	检验批部位	
施工单位		项目经理			
分包单位		分包项目经理			
施工依据	《混凝土结构工程施工规范》（GB 50666—2011）		验收依据	《混凝土结构工程施工质量验收规范》（GB 50204—2015）	

验收项目					设计要求及规范规定	样本总数	最小/实际抽样数量	检查记录	检查结果
主控项目	1	预制构件临时固定措施			第 9.3.1 条		/		
	2	钢筋套筒灌浆连接质量			第 9.3.2 条		/		
	3	钢筋焊接连接接头质量			第 9.3.3 条		/		
	4	钢筋机械连接接头质量			第 9.3.4 条		/		
	5	预制构件焊接、螺栓连接的材料性能及施工质量			第 9.3.5 条		/		
	6	构件连接处后浇混凝土强度			第 9.3.6 条		/		
	7	外观质量不应有严重缺陷，无影响结构性能和安装、使用功能的尺寸偏差			第 9.3.7 条		/		
一般项目	1	外观质量不应有一般缺陷			第 9.3.8 条		/		
	2	构件轴线位置	竖向构件（柱、墙板、桁架）		8mm		/		
			水平构件（梁、楼板）		5mm		/		
	3	标高	梁、柱、墙板楼板底面或顶面		±5mm		/		
	4	构件垂直度	柱、墙板安装后的高度	≤6m	5mm		/		
				>6m	10mm		/		
	5	构件倾斜度	梁、桁架		5mm		/		
	6	相邻构件平整度	梁、楼板底面	外露	3mm		/		
				不外露	5mm		/		
			柱、墙板	外露	5mm		/		
				不外露	8mm		/		
	7	构件搁置长度	梁、板		±10mm		/		
	8	支座、支垫中心位置	板、梁、柱、墙板、桁架		10mm		/		
	9	墙板接缝宽度			±5mm		/		

验收记事：

施工单位检查结果	施工员： 质量员： 年　月　日	监理（建设）单位验收结论	专业监理工程师： （建设单位项目技术负责人） 年　月　日

表 3-13　构件吊装施工记录

<table>
<tr><td colspan="4">工程名称</td><td colspan="3"></td><td colspan="2">建设单位</td><td colspan="2"></td></tr>
<tr><td colspan="4">施工单位</td><td colspan="3"></td><td colspan="2">分包单位</td><td colspan="2"></td></tr>
<tr><td colspan="4">构件名称、数量</td><td colspan="3"></td><td colspan="2">吊装方法</td><td colspan="2"></td></tr>
<tr><td colspan="4">吊装层段、部位轴线</td><td colspan="5"></td><td>吊装起止日期</td><td></td></tr>
<tr><td>序号</td><td colspan="4">检查内容</td><td colspan="5">检查记录</td><td>检查日期</td></tr>
<tr><td>1</td><td colspan="4">构件型号</td><td colspan="5"></td><td>年　月　日</td></tr>
<tr><td>2</td><td colspan="4">标高、轴线</td><td colspan="5"></td><td>年　月　日</td></tr>
<tr><td>3</td><td colspan="4">找平层</td><td colspan="5"></td><td>年　月　日</td></tr>
<tr><td>4</td><td colspan="4">堵孔、灌缝、节点处理</td><td colspan="5"></td><td>年　月　日</td></tr>
<tr><td>5</td><td colspan="4">构件连接加筋</td><td colspan="5"></td><td>年　月　日</td></tr>
<tr><td>6</td><td colspan="4">焊接、栓接</td><td colspan="5"></td><td>年　月　日</td></tr>
<tr><td>7</td><td colspan="4">支撑体系</td><td colspan="5"></td><td>年　月　日</td></tr>
<tr><td>8</td><td colspan="4">外观质量</td><td colspan="5"></td><td>年　月　日</td></tr>
<tr><td colspan="2">备注</td><td colspan="9"></td></tr>
<tr><td colspan="8">施工单位</td><td colspan="3">监理（建设）单位参加人员</td></tr>
<tr><td colspan="3">施工班组长</td><td colspan="3">施工员</td><td colspan="2">质量员</td><td colspan="3" rowspan="2">年　月　日</td></tr>
<tr><td colspan="3">年　月　日</td><td colspan="3">年　月　日</td><td colspan="2">年　月　日</td></tr>
<tr><td colspan="6">项目技术负责人：
年　月　日</td><td colspan="5">专业监理工程师：
（建设单位项目技术负责人）
年　月　日</td></tr>
</table>

知识点 6：装配式混凝土建筑构件吊装施工其他注意事项

1. 季节性施工

1）冬期墙体混凝土强度达到混凝土设计强度值的 30%或混凝土强度不低于 4.0MPa 时，方可拆除模板。

2）灌浆作业时环境温度不应低于 5℃。灌浆后应保证浆料在 48h 凝结硬化过程中，连接部位养护温度不低于 10℃。

2. 产品保护

1）预制混凝土墙板施工完成后，阳角宜采用木条（板）包角或其他形式保护。

2）预制混凝土墙板上暴露在空气中的预埋铁件应涂刷防锈漆，防止产生锈蚀。

3）预制混凝土墙板的预埋螺栓孔应填塞海绵棒，避免堵塞。

3. 职业健康安全

1）施工前对施工操作人员进行安全交底。

2）预制混凝土墙板堆放场地及场内运输过程的临时支撑架应牢固可靠，刚度和稳定性满足堆放要求，宜采用型钢制作。

3）吊装指挥、吊装机械操作及防护架体搭设人员应持相应证书上岗。

4）吊装用索具、机械设备等起重能力应经过计算复核，并作为选型依据。索具、机械设备吊装前应进行试吊，确认无误后方可正式吊装。使用过程中定期检查吊装机械各系统，确保状态良好。

5）预制墙板吊装应逐块安装，起吊吊具应与构件形状相匹配。

6）吊装前应检查构件临时支撑的搭设情况和可靠性，预制墙板应吊装就位并与临时支撑牢固连接后方可脱钩，脱钩人员严禁站在构件上操作。

7）吊装预制混凝土墙板时下方严禁站人，应待预制墙板降落至离楼面 1m 以内方准靠近，就位固定后方可脱钩。

8）当预制混凝土墙板吊至操作层时，操作人员应站在楼层内并佩戴穿芯自锁保险带且与楼面内预埋件（点）扣牢，应待预制墙板降落至离楼面 1m 以内方准靠近，就位固定后方可脱钩。

9）采用压力灌浆机械施工时，应经常检查管路、罐体的密封性和完整性，防止破损爆裂伤人。遇到雨、雪、雾天气及夜间视线不佳或者风力大于 12m/s 时，不得吊装施工。

4. 绿色施工

1）各类吊具、支撑架体宜工具化，方便周转使用。

2）预制混凝土墙板施工中产生的粘接剂、密封材料等易燃、易爆化学制品的废弃物应及时收集送至指定储存器内，并按规定回收，严禁未经处理随意丢弃和堆放，连接部位浇筑混凝土应避免浪费。

3）预制混凝土墙板保温系统的材料，其组成材料应对人体和环境无害。

4）施工现场应设置污水池和排水沟，严禁未经处理直接排入下水管道。

5）施工期间，应严格控制噪声并遵守现行国家标准《建筑施工场界环境噪声排放标准》（GB 12523—2011）的规定。

6）夜间施工时，应防止光污染对周边居民的影响。

学习情境四　装配式混凝土建筑构件灌浆

学习情境描述

装配式现场施工人员接到某工程预制剪力墙吊装后进行封缝及接缝灌浆的任务，预制剪力墙墙板如图 4-1 所示。封缝料及灌浆料均采用强度为 C30 的混凝土，现场石子最大粒径为 40mm，砂为细砂，坍落度要求 30~50mm，一般耐久性要求，需要现场进行简单的配合比计算。

该工程抗震设防烈度为 8 度，结构抗震等级为三级。

图 4-1　预制剪力墙墙板示意图

学习目标

通过本学习情境的学习与实践，应达到以下目标：

1. 掌握正确的预制剪力墙吊装方式。
2. 根据实际情况进行混凝土封缝料及灌浆料配合比的设计计算。
3. 掌握正确的装配式剪力墙封缝及灌浆操作。
4. 完成准备材料、现场操作等工艺流程。
5. 掌握各道工序质量控制要点与安全生产要求。

施工任务单

工程施工任务单见表 4-1。

表 4-1　工程施工任务单

专业班组		组长	
工艺名称		完成情况检查（完整性和标准性）	签章
构件吊装	生产前准备与生产安全		
	构件吊装工艺流程		
	吊装质量控制		
构件封缝	封缝料制作		
	封缝操作工艺流程		
	封缝质量		
构件灌浆	灌浆料制作		
	灌浆操作工艺流程		
	工完料清		

任务分组

以小组为单位进行任务分工，完成构件吊装、构件封缝以及构件灌浆的各项工艺流程并随时进行质量控制。任务分配表见表 4-2。

表 4-2　任务分配表

班级		组号		指导教师	
组长		学号			
组员	学号	姓名	任务分工		

获取信息

完成本学习任务需要掌握的内容包括构件吊装、封缝料及灌浆料制作、封缝操作与灌浆操作，首先需要查阅、收集相关资料。

引导问题 1：预制剪力墙吊装的工艺流程有哪些？

引导问题 2：装配式构件封缝操作流程有哪些？质量控制要点有哪些？

引导问题 3：请写出封缝料和灌浆料的干料及水的计算过程。

小提示：浆料拌合时需要严格控制加水量，加水过多时，会造成灌浆料泌水、离析、沉淀，多余的水分挥发后形成孔洞，严重降低灌浆料的抗压强度。加水过少时，灌浆料胶凝材料部分不能充分发生水化反应，无法达到预期的工作性能。

灌浆料宜在加水后 30min 内用完，以防后续灌浆遇到意外情况时灌浆料可流动的操作时间不足。

引导问题 4：灌浆套筒可分为哪些种类？

引导问题 5：竖向构件钢筋灌浆套筒连接原理是怎样的？

引导问题 6：灌浆料的主要指标测试方法有哪些？

引导问题 7：灌浆料流动度检验的流程有哪些？

> **小提示**：《钢筋连接用套筒灌浆料》（JG/T 408—2019）中规定了灌浆料在标准温度和湿度条件下的各项性能指标的要求。抗压强度值越高，对灌浆接头连接性能越有帮助；流动度越高对施工作业越方便，接头灌浆饱满度越容易保证。

引导问题 8：灌浆操作的流程有哪些？

> **小提示**：在灌浆操作后要尽快对灌浆泵进行至少三次清洗。灌浆时所用的注浆管长度一般小于 2.5m，这样可以减轻注浆管的堵塞并且方便清洗。

引导问题 9：灌浆施工的质量控制要点有哪些？

工作计划

按照之前收集的资讯，制定构件灌浆操作的初步工作计划，并填入表 4-3 中。

表 4-3 构件灌浆生产方案

序号	项目名称	工作内容	质量控制要点	制定人
1	生产前准备与安全生产			
2	构件吊装工艺流程			
3	封缝料制作			
4	封缝操作工艺流程			
5	灌浆料制作			
6	灌浆操作工艺流程			
7	工完料清			

进行决策

教师针对各小组获取的信息，以及制定的施工计划进行汇总，对学员理解不全面，查找有误的信息进行讲解，提出指导性意见，并由学员重新修订构件封缝灌浆的详细计划，准备施工。

工作实施

按照收集的资料信息以及修订后的施工方案，完成施工。

1. 填写构件灌浆实训任务交底书（表 4-4）

表 4-4　构件灌浆实训任务交底书

工程名称		填表人	
		日期	
1. 本次实训过程的劳保用品：			
2. 构件吊装记录： 预留钢筋长度分别为____________cm，预留钢筋垂直度分别为____________。			
3. 封缝料拌制记录： 封缝料批号_______，搅拌时间_______min 计算条件：封缝料密度为 $2300kg/m^3$；水∶封缝料干料 = 12∶100（质量比） 根据计算，共需要灌浆料总量_______kg，其中，封缝干料_______kg，水_______kg 最终完成的封缝宽度为_______cm，剩余封缝料_______kg 小提示：材料拌和用量要考虑材料充足的情况下留出 10% 的富余量			
4. 灌浆料拌制记录： 现场温度_____℃，水温_____℃，灌浆时浆体的温度_____℃ 灌浆料批号_______，搅拌时间_______min 计算条件：灌浆料密度为 $2300kg/m^3$；水∶灌浆料干料 = 12∶100（质量比）；单个套筒灌浆料质量为 0.4kg，考虑灌浆泵内有残余浆料，应有 10% 的富余量 根据计算，共需要灌浆料总量_______kg，其中，灌浆干料_______kg，水_______kg 最大灰饼直径_______cm，剩余灌浆料_______kg			
5. 灌浆材料制作混凝土试块： 成型日期：________，开始养护日期：________			
6. 现场清理，并填写所用到的工具：			
技术负责人		相关参与工作人员签字	

小提示：

1. 封缝料（灌浆料）的干料采用二次投料法，即分两次加料。将称量好的水全部倒入搅拌容器内后，先将 70% 干料倒入搅拌容器，沿一个方向充分搅拌后再加入剩余 30% 干料继续搅拌，总共搅拌时间不少于 5min。

2. 灌浆套筒灌浆端的最小内径与连接钢筋公称直径的差值不宜小于表 4-5 规定的数值，用于钢筋锚固的深度不宜小于插入钢筋公称直径的 8 倍。

表 4-5　灌浆套筒内径最小尺寸要求

钢筋直径/mm	套筒灌浆段最小内径与连接钢筋公称直径差最小值/mm
12~25	10
28~40	15

2. 填写工具、耗材和器材清单（表 4-6）

表 4-6　工具、耗材和器材清单

序号	名称	型号与规格	单位	数量	备注
1					
2					
3					
4					
5					
6					
7					
8					
9					
10					

3. 填写施工日志（表 4-7）

表 4-7　施工日志

编号：

<table>
<tr><td>日期</td><td>年　　月　　日</td><td>施工部位</td><td colspan="3"></td></tr>
<tr><td>天气状况</td><td></td><td>风力</td><td></td><td>最高/最低温度</td><td></td></tr>
<tr><td>突发事件</td><td colspan="5"></td></tr>
<tr><td colspan="6">生产情况记录：（施工项目内容、机械作业、班组工作、生产存在问题等）</td></tr>
<tr><td colspan="6">技术质量安全工作记录：（技术质量安全活动、技术质量安全问题、检查验收情况等）</td></tr>
</table>

工程负责人		记录人	

4. 填写质量验收表（表 4-8 和表 4-9）

表 4-8　封缝质量检验记录表

工程名称			
生产班组		检验员	
检查项目	质量检验标准的规定	生产单位检验记录	
封缝搅拌质量	无干料、无明水，手握成团、落地开花		
封缝质量	工作面清洁程度		
	正确使用工具（钢直尺）测量任意位置的封缝宽度。一般为 1. 5cm≤封缝宽度≤2cm		
	肉眼观察封缝的饱满程度		
	正确使用工具（小盆、电子秤）称量剩余封缝料。一般封缝料的剩余量≤1kg		
清理封缝料质量	无残余料、无积水		

表 4-9　灌浆质量检验记录表

<table>
<tr><td>工程名称</td><td colspan="3"></td></tr>
<tr><td>生产班组</td><td></td><td>检验员</td><td></td></tr>
<tr><td>检查项目</td><td>质量检验标准的规定</td><td colspan="2">生产单位检验记录</td></tr>
<tr><td rowspan="2">灌浆料质量</td><td>灌浆料静置 2min 后，无气泡排出</td><td colspan="2"></td></tr>
<tr><td>灌浆料的初始流动度≥300mm</td><td colspan="2"></td></tr>
<tr><td rowspan="3">灌浆质量</td><td>灌浆是否饱满</td><td colspan="2"></td></tr>
<tr><td>灌浆是否漏浆</td><td colspan="2"></td></tr>
<tr><td>正确使用工具（灌浆泵、小盆、电子秤），将浆料排入小盆，称量剩余灌浆料。一般灌浆料剩余量≤2kg</td><td colspan="2"></td></tr>
<tr><td rowspan="3">工完料清</td><td>设备清理是否干净</td><td colspan="2"></td></tr>
<tr><td>工具清洗是否干净</td><td colspan="2"></td></tr>
<tr><td>场地清理是否干净</td><td colspan="2"></td></tr>
</table>

评价反馈

评价反馈按照实际施工验收标准进行打分，同时考虑职业素养，共设置 7 个评价项目。最终成绩=(项目 1 成绩+项目 2 成绩+项目 3 成绩+项目 4 成绩+项目 5 成绩+项目 6 成绩)×70%+项目 7 成绩×30%，并将打分结果填入表 4-10 中。

表 4-10　综合评价表

班级：			姓名：		学号：		
学习情境四		装配式混凝土建筑构件灌浆					
项目	生产过程	具体内容		评分标准	分值	得分	备注
1	生产前准备	劳保用品准备	佩戴安全帽	内衬圆周大小调节到头部稍有约束感为宜。下颚带应紧贴下颚，松紧以下颚有约束感，但不难受为宜	1		
			穿戴劳保工装、防护手套	劳保工装做到“统一、整齐、整洁”，并做好“三紧”，即领口紧、袖口紧、下摆紧；严禁卷袖口、卷裤腿等现象。必须正确佩戴手套，方可进行施工	1		
		工具及材料准备	根据生产工艺选择工具及材料	工具及材料选择合理、数量准确并放置在指定位置	2		
		设备检查	检查施工设备（如吊装机具）	正确操作开关或手动检查吊装机具是否正常运转，吊具是否正常使用	2		
		卫生检查及清理	生产场地卫生检查及清扫	使用扫把规范清理场地	1		
2	构件吊装	套筒检查	检查套筒通透性	正确使用工具（气泵或打气筒）检查每个套筒是否通透。若不通透则需用工具（錾子和锤子）对其进行处理	2		
		连接钢筋处理	连接钢筋除锈	正确使用钢丝刷，对生锈钢筋进行处理，若没有生锈钢筋，则无需除锈	2		
			连接钢筋长度检查及校正	正确使用钢直尺，对每根外露连接钢筋进行测量检查。对过长钢筋（大于误差范围的钢筋）使用角磨机进行切割处理	2		
			连接钢筋垂直度检查及校正	正确使用靠尺，对每根外露连接钢筋进行两个方向（90°夹角）测量。对不垂直钢筋使用钢管进行校正	2		
		分仓判断		根据图纸给出信息计算，也可使用钢卷尺直接测量，最远套筒距离是否≤1.5m，若满足则不需分仓，否则需要分仓	2		

（续）

项目	生产过程	具体内容		评分标准	分值	得分	备注
2	构件吊装	工作面处理	凿毛处理并清理工作面	正确使用工具（铁锤、錾子），对定位线内工作面进行粗糙面处理。正确使用工具（扫把、气泵），对工作面进行清理	2		
			洒水湿润并清理积水	正确使用喷壶对工作面进行洒水湿润。正确使用气泵清理工作面积水	2		
			放置垫块	正确使用垫块，在墙两端距离边缘4cm以上（弹线确定），远离钢筋位置处放置2cm高的垫块	2		
		剪力墙吊装	吊具连接	选择吊孔，满足吊链与水平夹角不宜小于60°	2		
			剪力墙试吊及吊运	正确操作吊装设备起吊构件至距离地面约300mm，停滞并观察吊具是否安全，若无安全问题则操作吊装设备吊运剪力墙，保证缓起、匀升、慢落	2		
			剪力墙安装对位	操作吊装设备并正确使用工具（2面镜子）。将镜子放置在墙体两端钢筋相邻处，观察套筒与钢筋的位置关系，边调整剪力墙位置边下落	4		
			摘除吊钩	正确使用扳手进行终固定	1		
3	封缝料制作及封缝	封缝料制作	根据配合比计算封缝料干料和水的用量	填写封缝料拌制记录表，正确使用钢卷尺，测量构件长和宽（或根据图纸确定）。根据$m=\rho v(1+10\%)$公式分别计算水和封缝料干料的用量	2		
			称量水	正确使用工具（量筒或电子秤），根据计算的水用量称量	1		
			称量封缝料干料	正确使用工具（电子秤、小盆），根据计算的封缝料干料用量称量，注意小盆要去皮	1		
			加入水	正确使用工具（量筒、搅拌容器），将水全部倒入搅拌容器	1		

（续）

项目	生产过程	具体内容		评分标准	分值	得分	备注
3	封缝料制作及封缝	封缝料制作	加入封缝料干料	正确使用工具（小盆），分两次加入干料	3		
			封缝料搅拌	正确使用工具（搅拌器，若料太少建议直接用小铲子拌制），分两次沿一个方向均匀搅拌封缝料	3		
		封缝并检查封缝质量	放置内衬	正确使用内衬（如 PVC 管或橡胶条），先沿一边布置，使封缝宽度控制在 1.5~2cm	2		
			封缝	正确使用工具（托板、小抹子）和材料（封缝料），沿布置好内衬的一边进行封缝	2		
			抽出内衬并清理工作面	从一侧竖直抽出内衬，保证不扰动封缝，然后进行下一边封缝。封缝结束后使用工具（扫把、抹布）清理工作面余浆	2		
			检查封缝质量	将构件吊起，完成封缝质量表格填写并清理封缝料	2		
		密封	放置密封装置，采取防漏浆措施		1		
			正确使用吊装设备，再次安装构件		1		
4	构件灌浆	灌浆料制作	温度检测	正确使用温度计测量室温，并做记录	1		
			依据配合比计算灌浆料干料和水用量	根据图纸识读构件长度和宽度、套筒型号和数量，按照计算条件及公式 $m=(\rho v+0.4n)(1+10\%)$，其中 n 为套筒数量，计算灌浆料总量。然后计算水和灌浆料干料的用量	2		
			称量水及灌浆料干料	正确使用工具，根据计算水及灌浆料干料的用量进行称量	2		
			将全部水倒入后加入灌浆料干料	正确使用工具将水全部倒入搅拌容器。然后分两次将灌浆料干料倒入搅拌容器中	4		
			灌浆料搅拌均匀并静置	正确使用搅拌器，分两次沿一个方向均匀搅拌至少 5min 灌浆料，然后静置灌浆料约 2min，使灌浆料内气体自然排出	3		

（续）

项目	生产过程	具体内容		评分标准	分值	得分	备注
4	构件灌浆	流动度检验	放置并湿润玻璃板	用湿润的抹布擦拭玻璃板，并放置于平稳位置	1		
			放置截锥试模	正确使用截锥试模，大口朝下、小口朝上，放置在玻璃板的正中央	1		
			倒入灌浆料并进行抹面	正确使用勺子，舀出一部分灌浆料倒入截锥试模。然后使用小抹子，将截锥试模顶多余的灌浆料抹平	2		
			提起截锥试模并测量灰饼直径	竖直提起截锥试模然后正确使用钢卷尺在灌浆料停止流动后，测量最大灰饼直径，并完成灌浆料拌制记录表	1		
		同条件试块浇筑	使用勺子舀出一部分灌浆料倒入模具中，然后使用小抹子将试块模具顶上多余的灌浆料抹平		1		
		灌浆	湿润灌浆泵	将水倒入灌浆泵进行湿润，并正确使用灌浆泵将水全部排出	1		
			倒入灌浆料并排出前端灌浆料	正确使用工具（灌浆泵、搅拌容器），将灌浆料倒入灌浆泵中。由于灌浆泵内有少量积水，因此需先排出前端灌浆料	2		
			选择灌浆孔灌浆	正确使用灌浆泵，选择下方的灌浆孔（一仓室只能选择一个灌浆孔，其余为排浆孔），中途不得换灌浆孔。灌浆时应连续灌浆，中间不得停顿	2		
			封堵排浆孔→保压→封堵灌浆孔	正确使用铁锤和橡胶塞，待排浆孔流出浆料并呈圆柱状时进行封堵。待排浆孔全部封堵后保压或慢速保持约 30s，以保证内部浆料充足。待灌浆泵移除后迅速用橡胶塞封堵灌浆孔	5		
			工作面清理并填写记录表	使用扫把、抹布清理工作面，保持干净。将剩余浆料排入小盆，去皮称量并完成灌浆质量检测表	2		

（续）

项目	生产过程	具体内容		评分标准	分值	得分	备注
5	工完料清	设备拆除、清洗、复位	设备拆除	正确操作吊装设备将灌浆上部构件吊至清洗区	1		
			清洗套筒、墙底、底座	正确使用高压水枪对每个套筒彻底清洗至无残余浆料	1		
			拆解复位模具	正确使用吊装设备将上部构件调至原位置	1		
		工具清理维护	灌浆泵清洗维护	着重清洗灌浆泵，先将水倒入灌浆泵然后排出，清洗 3 遍，再将海绵球放置于灌浆泵中并排出，清洗 3 遍	1		
			其他工具清洗维护	清洗有浆料浮浆工具，包括搅拌器、小盆、铲子、抹子等	1		
			工具入库	将工具放置于原位置	1		
			场地清理	正确使用高压水枪、扫把将场地清理干净，并将工具归还	1		
6	安全生产	生产过程中严格按照安全文明生产规定操作，无恶意损坏工具、原材料且无因操作失误造成人员伤害等行为。出现严重损坏设备、伤人事件，判定操作人员不合格。出现墙板碰撞、手放置在墙底等一般危险行为，出现一项则相关人扣 10 分			10		
7	职业素养	工作态度		态度端正，没有无故缺勤、迟到、早退现象	20		
		工作质量		能按计划完成工作任务	20		
		协调能力		与小组成员之间能合作交流、协调工作	20		
		职业素质		能做到保护环境，爱护公共设施	20		
		创新意识		通过完成施工任务，能够总结归纳施工控制要点，从而改良施工操作方法，提高产品质量	20		
合计							

19. 装配式建筑结构竖向连接方式

相关知识点

知识点 1：装配式混凝土竖向构件钢筋灌浆套筒连接原理

现浇混凝土结构中常用的纵向钢筋连接方式有绑扎搭接、焊接连接以及机械连接等，由于装配式混凝土结构的连接部位较小，采用这些传统的钢筋连接方式不便于施工。20 世纪 60 年代，钢筋套筒灌浆连接的发明很好地解决了装配式结构中的纵向钢筋连接问题，可有效实现“装配等同现浇”的设计要求。

在金属套筒中插入单根带肋钢筋并注入灌浆料拌合物，此类拌合物一般为无收缩或微膨胀的水泥基灌浆料。通过拌合物硬化后与钢筋的横肋、套筒内壁凹槽或凸肋紧密结合形成整体，并实现传递力的钢筋的对接连接，简称套筒灌浆连接。如图 4-2 和图 4-3 所示。

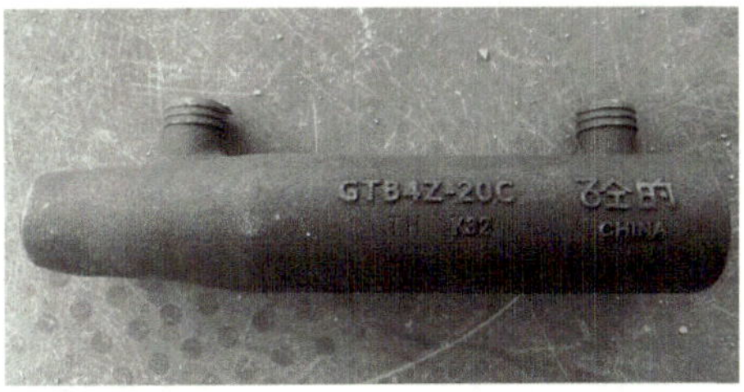

图 4-2　金属灌浆套筒

图 4-3　预制混凝土剪力墙套筒灌浆连接示意图

构件在现场安装时，将另一构件的连接钢筋全部插入该构件上对应的灌浆连接套筒内，从构件下部各个套筒的灌浆孔向各个套筒内灌注高强灌浆料，至灌浆料充满套筒与连接钢筋的间隙并从所有套筒上部出浆孔流出，灌浆料凝固后，即形成钢筋套筒灌浆接头，从而完成两个构件之间的钢筋连接。

实际工程中钢筋套筒灌浆连接分两个阶段进行。

1）第一阶段在预制构件加工厂，将一端钢筋与套筒进行连接或预安装，再与构件的钢筋结构中其他钢筋连接固定，套筒侧壁接灌浆、排浆管并引到构件模板外，然后浇筑混凝土。

2）第二阶段在结构安装现场，待构件吊装完毕后将构件水平接缝四周进行密封（可采用封缝料、密封条或二者结合），进行灌浆操作。

知识点 2：装配式混凝土建筑灌浆前施工准备

1. 灌浆套筒

灌浆套筒按加工方式分为铸造灌浆套筒和机械加工灌浆套筒；按照结构形式可分为全灌浆套筒和半灌浆套筒。

灌浆套筒的型号由名称代号、分类代号、主参数代号和产品更新变型代号组成。灌浆套筒主参数为被连接钢筋的强度级别和直径。灌浆套筒型号表示如图 4-4 所示。

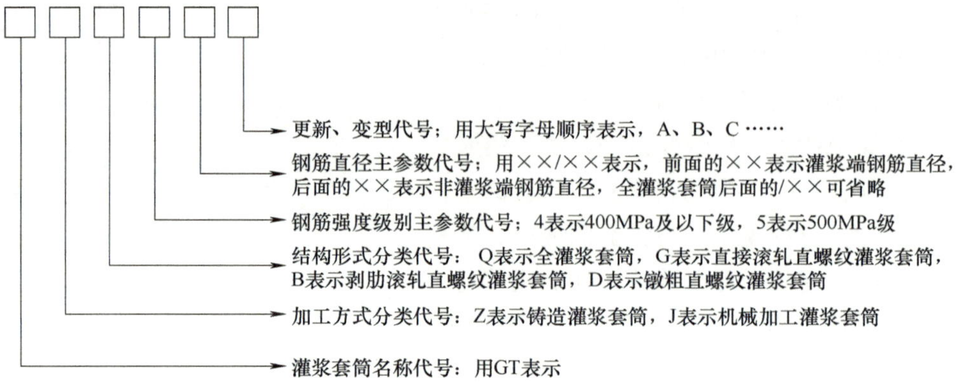

图 4-4　灌浆套筒型号

如 GTZQ440 表示：采用铸造加工的全灌浆套筒，连接标准屈服强度为 400MPa、直径 40mm 的钢筋。

GTJB536/32A 表示：采用机械加工方式的剥肋滚轧直螺纹灌浆套筒，第一次变形，连接标准屈服强度为 500MPa 的钢筋，其灌浆端连接直径为 36mm，非灌浆端连接直径为 32mm。

2. 材料准备——灌浆料

钢筋连接所用的套筒灌浆料是以水泥为基本材料，配以细骨料、混凝土外加剂和其他材料组成的干混料，加水拌和后具有较好的流动性、早强、高强、微膨胀等性能，填充于套筒和带肋钢筋间隙内，简称套筒灌浆料。

（1）在进行灌浆之前需要将预制剪力墙的水平接缝进行封堵，封缝料填抹完成需确认干硬强度是否达到要求才能进行灌浆。在本次实训任务中为了节省时间，在完成封缝后采用密封条代替进行封堵。

20. 装配式建筑灌浆料的主要测试方法

（2）灌浆料的主要指标试验步骤

1）流动度试验步骤：

① 按照公式计算确定灌浆料干料以及水的用量。

② 将水全部倒入搅拌容器，然后分两次将灌浆料干料倒入搅拌容器中。沿一个方向均匀搅拌至少 5min，然后静置灌浆料约 2min，使灌浆料内气体自然排出。

③ 湿润玻璃板和截锥圆模内壁，不得有明水；截锥圆模（图 4-5）需放置在玻璃板中间位置。

④ 将搅拌好的灌浆料倒入截锥圆模内，直至浆体与截锥圆模上口齐平；徐徐提起截锥圆模，让浆体在无扰动条件下自由流动直至停止。

⑤ 测量浆体最大扩散直径以及与其垂直方向的直径（图 4-6），计算平均值，精确到 1mm，作为流动度初始值。应在 6min 内完成上述搅拌和测量过程，初始流动度应大于等于 300mm。

2）抗压强度试验步骤：

① 抗压强度试验试件（图 4-7）应采用尺寸为 40mm×40mm×160mm 的棱柱体。采用拌和好的灌浆料进行灌浆。

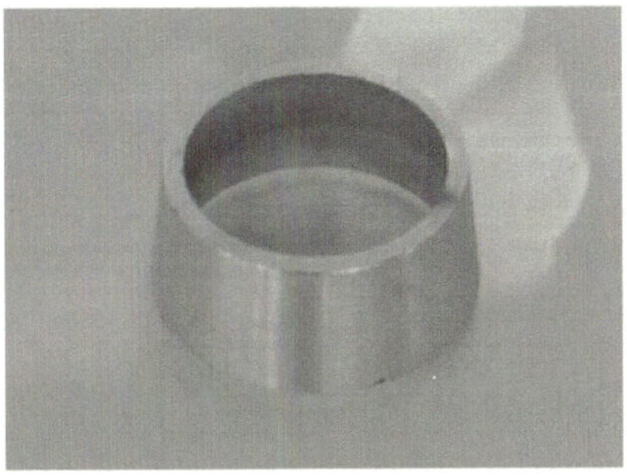

图 4-5　截锥圆模

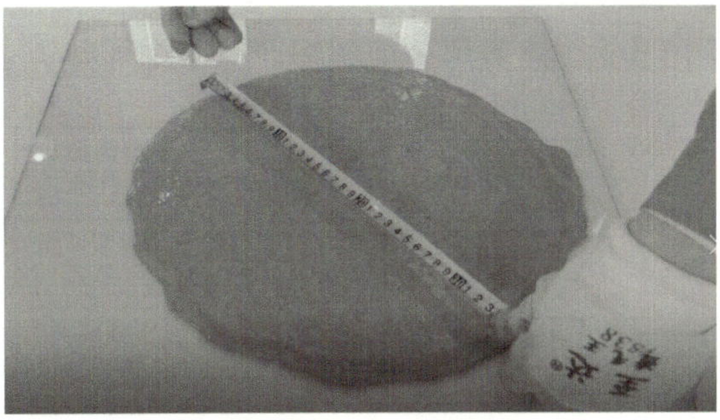

图 4-6　现场测量灰饼直径

② 将剩余的灌浆料灌入棱柱试模，至浆体与试模的上边缘平齐，成型过程中不应振动试模。应在 6min 内完成搅拌和成型过程。

③ 将装有浆体的试模在成型室内静置 2h 后移入养护箱。

④ 灌浆料抗压强度的试验按水泥胶砂强度试验有关规定执行。

图 4-7　抗压强度试件制作

（3）灌浆料使用注意事项

1）套筒灌浆料应有产品出厂合格证，注明生产日期和有效期，包装完好无破损。

2）加水。浆料拌和应当严格控制加水量，在确定总量后必须严格执行产品生产厂家规定的加水率。

3）搅拌。灌浆料与水的拌和应当充分、均匀。

4）流动度检测。灌浆料流动度是保证灌浆连接施工的关键性能指标，灌浆施工环境的温、湿度差异，影响着灌浆的可操作性。在任何情况下，流动度低于要求值的灌浆料都不能用于灌浆施工，以防止构件灌浆失败造成事故。

因此，在灌浆施工前，应首先进行流动度检测，在流动度值满足要求后方可施工，施工中注意灌浆时间应短于灌浆料具有规定流动度值的时间（可操作时间）。留置灌浆料强度检验试件的数量应符合验收及施工控制的要求。

5）灌浆料的强度与养护温度。灌浆料是水泥基制品，其抗压强度增长速度受养护环境温度的影响。冬季施工灌浆料强度增长慢，后续工序应在灌浆料满足规定强度值后方可进行；而夏季施工灌浆料凝固速度快，灌浆施工时间必须严格控制。

6）散落的灌浆料拌合物成分已经改变，不得二次利用。剩余的灌浆料拌合物由于已经发生水化反应，如再次加灌浆料、水混合使用，可能出现早凝或泌水，因此也不能使用。

知识点3：装配式混凝土竖向构件灌浆施工工艺及要求

一、灌浆施工工艺流程（对接1+X）

如图4-8所示为现场预制构件灌浆连接施工工序。

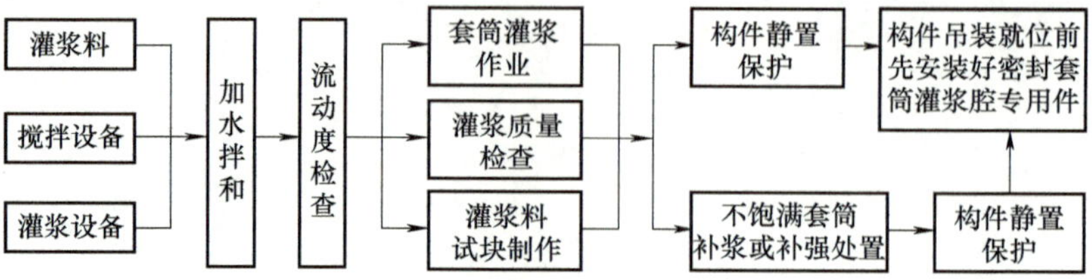

图4-8 灌浆连接施工工序

1. 构件吊装

（1）套筒检查 使用气泵或打气筒检查每个套筒是否通透。若不通透则需用錾子和锤子对其进行处理。

（2）连接钢筋处理

1）使用钢丝刷对生锈钢筋进行处理。若没有生锈则无需除锈。

2）使用钢直尺对每根外露连接钢筋进行长度测量检查。对过长钢筋（大于误差范围的钢筋）使用角磨机进行切割处理。

3）使用靠尺对每根外露连接钢筋进行两个方向（90°夹角）垂直度测量。对不垂直的钢筋使用钢管进行校正。

（3）分仓判断 根据图纸给出信息计算，也可使用钢卷尺直接测量，最远套筒距离是否≤1.5m，若满足则不需分仓，否则需要分仓。

（4）工作面处理

1）凿毛处理并清理工作面：使用铁锤、錾子对定位线内工作面进行粗糙面处理。随后使用扫把、气泵对工作面进行清理。

2）洒水湿润并清理积水：使用喷壶对工作面进行洒水湿润，并使用气泵清理工作面积水。

3）放置垫块：在墙两端距离边缘4cm以上（弹线确定），远离钢筋位置处放置2cm高的垫块。

（5）剪力墙吊装

1）吊具连接：选择吊孔，满足吊链与水平夹角不宜小于60°的要求。

2）剪力墙试吊及吊运：操作吊装设备起吊构件至距离地面约300mm，停止并观察吊具是否安全，若无安全问题则操作吊装设备吊运剪力墙，保证缓起、匀升、慢落。

3）剪力墙安装对位：操作吊装设备并正确使用工具（2面镜子），将镜子放置在墙体两端钢筋相邻处，观察套筒与钢筋的位置关系，边调整剪力墙位置边下落。

4）摘除吊钩，使用扳手进行终固定。

2. 封缝料制作及封缝

21. 封缝料制作及封缝操作（实操）

（1）封缝料制作

1）根据配合比计算封缝料干料和水的用量并填写封缝料拌制记录表，使用钢卷尺测量构件长和宽（或根据图纸确定）。根据 $m=\rho v(1+10\%)$ 公式分别计算水和封缝料干料的用量。

2）使用量筒或电子秤，根据计算的用水量进行称量。

3）使用电子秤、小盆，根据计算的封缝料干料用量进行称量，注意小盆要去皮。

4）将水全部倒入搅拌容器。

5）分两次在搅拌容器中加入干料。

6）使用搅拌器（若料太少建议直接用小铲子拌制），分两次沿一个方向均匀搅拌封缝料。

（2）封缝并检查封缝质量

1）使用内衬（如 PVC 管或橡胶条），先沿一边布置，使封缝宽度控制在 1.5~2cm。

2）使用托板、小抹子沿布置好内衬的一边进行封缝。

3）从一侧竖直抽出内衬，保证不扰动封缝，然后进行下一边封缝。封缝结束后使用扫把、抹布清理工作面余浆。

4）将构件吊起，完成封缝质量表格填写并清理封缝料。

（3）密封　放置密封装置，采取防漏浆措施。

3. 构件灌浆

22. 灌浆料制作及灌浆操作（实操）

（1）灌浆料制作

1）使用温度计测量室温，并做记录。

2）根据图纸识读构件长度和宽度、套筒型号和数量，按照计算条件及公式 $m=(\rho v+0.4n)(1+10\%)$（n 为套筒数量）计算灌浆料总量。然后计算水和灌浆料干料的各自用量。

3）根据计算的水及灌浆料干料的用量进行称量。

4）将水全部倒入搅拌容器，然后分两次将灌浆料干料倒入搅拌容器中。

5）使用搅拌器，分两次沿一个方向均匀搅拌至少 5min 灌浆料，然后静置灌浆料约 2min，使灌浆料内气体自然排出。

（2）流动度检验

1）用湿润的抹布擦拭玻璃板，并放置于平稳位置。

2）将截锥试模（大口朝下、小口朝上）放置在玻璃板的正中央。

3）使用勺子舀出一部分灌浆料倒入截锥试模；然后使用小抹子，将截锥试模顶多余的灌浆料抹平。

4）竖直提起截锥试模，然后正确使用钢卷尺在灌浆料停止流动后测量最大灰饼直径，并填写灌浆料拌制记录表。

(3) 同条件试块浇筑　使用勺子舀出一部分灌浆料倒入模具中，然后使用小抹子将试块模具顶上多余的灌浆料抹平。

(4) 灌浆

1) 将水倒入灌浆泵进行湿润，并正确使用灌浆泵将水全部排出。

2) 使用灌浆泵、搅拌容器，将灌浆料倒入灌浆泵中。由于灌浆泵内有少量积水，因此需先排出前端灌浆料。

3) 正确使用灌浆泵，选择下方的灌浆孔（一仓室只能选择一个灌浆孔，其余为排浆孔），中途不得换灌浆孔。灌浆时应连续灌浆，中间不得停顿。

4) 使用铁锤和橡胶塞，待排浆孔流出浆料并呈圆柱状时进行封堵。待排浆孔全部封堵后保压或慢速保持约 30s，以保证内部浆料充足。待灌浆泵移除后迅速用橡胶塞封堵灌浆孔。

5) 使用扫把、抹布清理工作面，保持干净。将剩余浆料排入小盆，去皮称量其重量并填写灌浆质量检测表。

二、灌浆施工

灌浆施工须按施工方案执行灌浆作业，全过程应有专职检验人员负责现场监督并及时填写施工检查记录。

1. 灌浆施工方法

用不流动、不收缩的封缝浆料或者弹性密封材料将构件水平缝四周密封，封缝浆料凝固后对各个联通腔进行独立灌浆，灌浆应采用压浆法从灌浆套筒下方的灌浆孔注入，当灌浆料从本套筒和其他套筒的灌浆孔、出浆孔流出后应及时封堵。

在正式灌浆前，逐个检查各接头的灌浆孔和出浆孔内有无影响浆料流动的杂物，确保孔路畅通。竖向构件宜采用联通腔灌浆，并合理划分联通灌浆区域，每个区域除预留灌浆孔、出浆孔与排气孔（有些需要设置排气孔）外，应形成密闭空腔，且保证灌浆压力下不漏浆；联通灌浆区域内任意两个灌浆套筒间距不宜超过 1.5m。采用联通腔灌浆方式时，灌浆施工前应对各联通灌浆区域进行封堵，且封堵材料不应减小结合面的设计面积。

竖向钢筋套筒灌浆连接用联通腔工艺灌浆时，采用一点灌浆的方式，即用灌浆泵从接头下方的一个灌浆孔处向套筒内压力灌浆，在该构件灌注完成之前不得更换灌浆孔，且需连续灌注，不得断料，严禁从出浆孔进行灌浆。当一点灌浆遇到问题而需要改变灌浆点时，各套筒已封堵灌浆孔、出浆孔应重新打开，待灌浆料拌合物再次流出后进行封堵。

灌浆完毕待灌浆料凝固后，取下灌浆孔封堵胶塞，检查孔内凝固的灌浆料上表面应高于排浆孔下缘 5mm 以上。

2. 灌浆施工环境温度要求

灌浆施工时，环境温度应符合灌浆料产品使用说明书的要求；环境温度低于 5℃时不宜施工，低于 0℃时不得施工；当环境温度高于 30℃时，应采取降低灌浆料拌合物温度的措施。

3. 灌浆注意事项

1）灌浆料要在加水搅拌开始 20~30min 内灌完，以尽量保留一定的操作应急时间。

2）同一仓只能在一个灌浆孔灌浆，不能同时选择两个及以上孔灌浆。

3）同一仓应连续灌浆，不得中途停顿。如果中途停顿，再次灌浆时应保证已灌入的浆料有足够的流动性后，还需要将已经封堵的出浆孔打开，待灌浆料再次流出后逐个封堵出浆孔。

三、灌浆操作中常见问题及解决办法

23. 灌浆操作中常见问题以及解决办法

问题 1：灌浆口或排浆口未露出混凝土构件表面，如图 4-9 所示。

解决办法：

1）检查并标记灌浆口或排浆口可能所在的位置。

2）剔除标记位置的混凝土找到隐藏的灌浆口。

3）用空压机或水清洗灌浆通道，确保从进浆口到排浆口通道的畅通。

问题 2：由于封缝或坐浆的原因，导致封缝材料进入套筒下口，堵塞进浆通道，如图 4-10 所示。

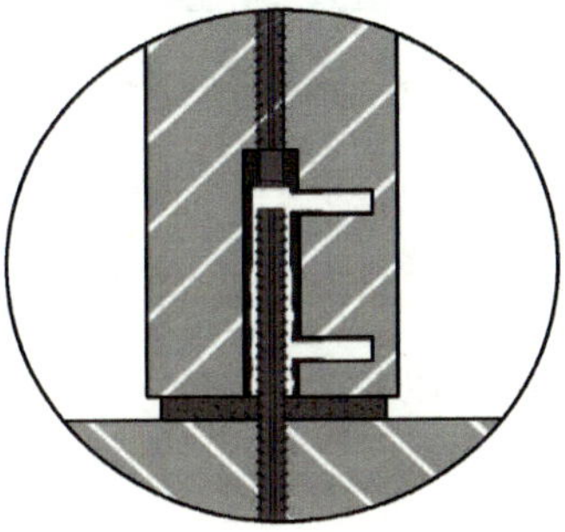

图 4-9　灌浆口或排浆口未露出混凝土构件表面示意图

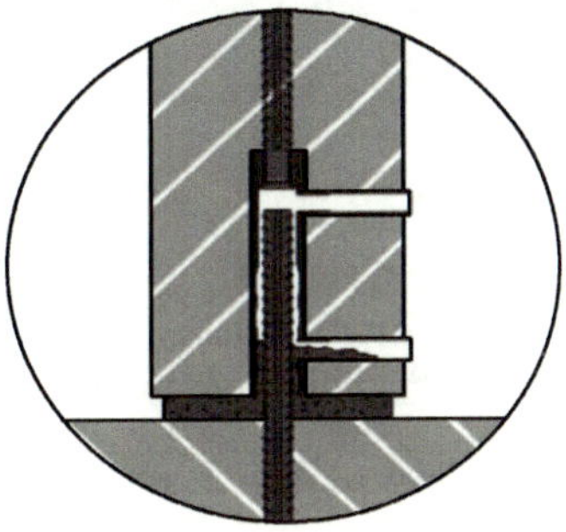

图 4-10　封缝料堵塞进浆通道示意图

解决方法：

1）用錾子剔除灌浆口处的砂浆。

2）用空压机或水清洗灌浆通道，确保从进浆口到排浆口通道的畅通。

3）对此套筒进行单个灌浆。

问题 3：灌浆口或排浆口堵塞（混凝土碎屑或其他异物等），如图 4-11 所示。

解决方法：

1）如果是混凝土碎渣或石子等硬物堵塞，用钢錾子或手枪钻剔除。

2）如果是密封胶塞或 PE 棒等，用钩状的工具或尖嘴钳从灌浆口或排浆口处挖出。

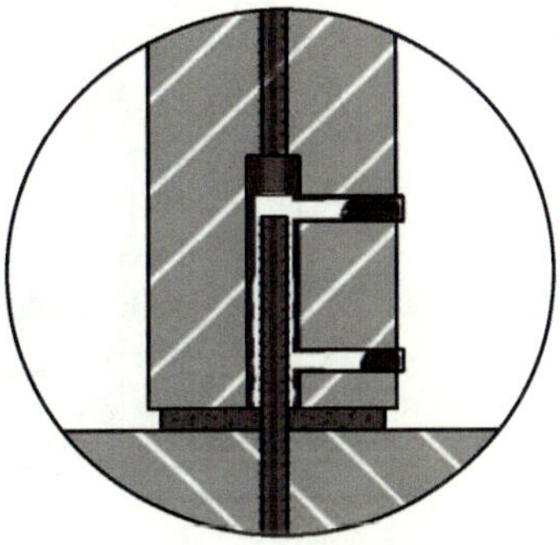

图 4-11　灌浆口或排浆口堵塞示意图

3）用空压机或水清洗灌浆通道，确保从进浆口到排浆口通道的畅通。

问题4：灌浆过程中，封缝砂浆或坐浆砂浆的移动造成灌浆料的渗漏，如图4-12所示。

解决方法：

1）用碎布或快干砂浆堵住漏浆处。

2）用高压水清洗套筒内部，确保灌浆孔道畅通。

3）重新灌浆。

问题5：钢筋紧贴套筒内壁，堵塞了灌浆口或排浆口，如图4-13所示。

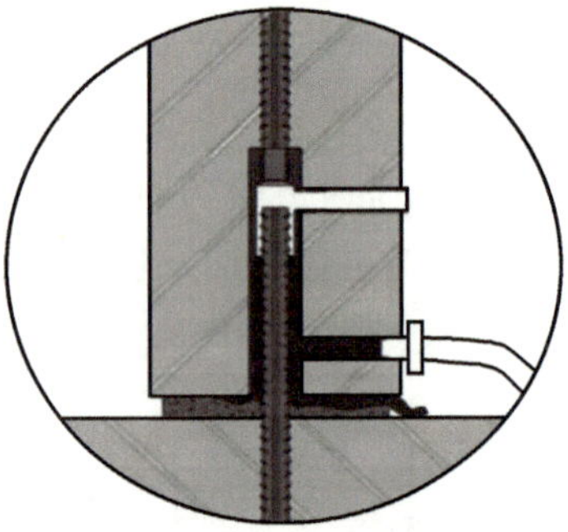

图4-12　灌浆料漏浆示意图

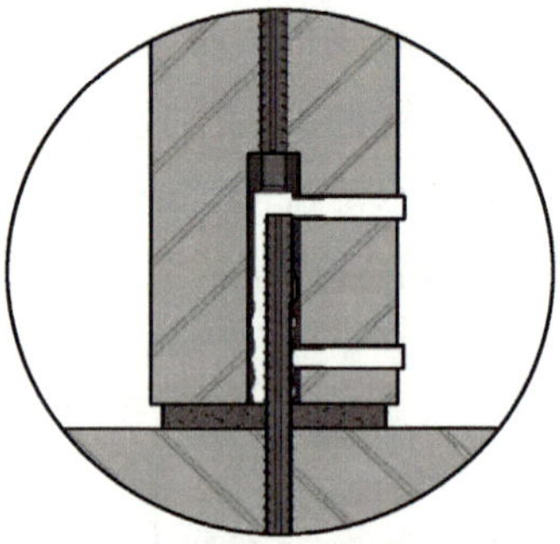

图4-13　钢筋紧贴套筒内壁堵塞灌浆口或排浆口示意图

解决方法：用钢錾子插入排浆孔，然后用重锤敲击，以减少限制。

问题6：套筒内部堵塞（石子、碎屑等），如图4-14所示。

解决方法：

1）用高压水清洗掉套筒内部的灌浆料。

2）保证灌浆通道畅通，降低灌浆速度，重新灌浆。

问题7：灌浆完成后，由于基面吸水或排气造成灌浆不饱满，如图4-15所示。

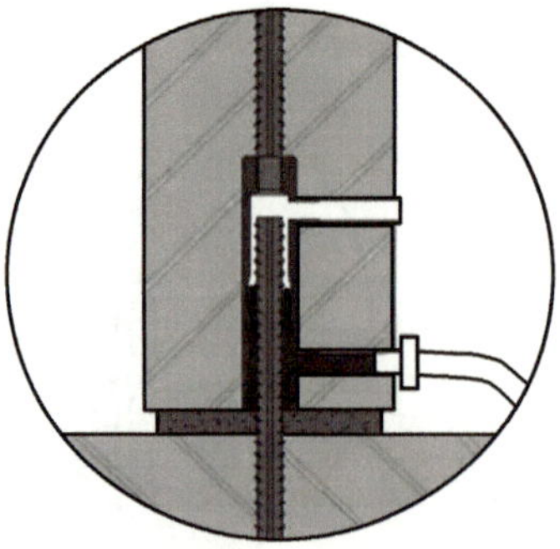

图4-14　钢套筒内部堵塞示意图

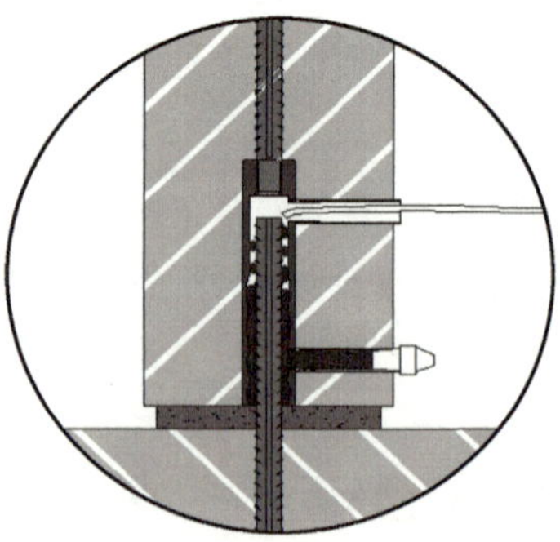

图4-15　灌浆不饱满示意图

解决方法：制定专门的补灌方案，用较细的灌浆管从排浆口插入套筒进行缓慢补浆。

知识点 4：装配式混凝土建筑实训过程中的注意事项

1）用水用电时注意干湿分离。

2）配套防护用品，如鞋套等。

3）灌浆完毕后一定及时清理灌浆机等设备，否则浆料凝固影响设备使用。

4）粘有浆料的工具及时放入盛满水的桶内，方便后期清洗。

5）高压水枪清洗时将不用线路断电并移至干燥区。

学习情境五　装配式混凝土建筑密封防水

学习情境描述

预制外剪力墙和预制外墙挂板安装完成后形成约 2cm 的板缝，如图 5-1 所示，为防止进水，装配式现场施工人员需进行墙板缝隙打胶，形成整体密封，保证内部干燥、不漏水。

图 5-1　墙板板缝示意图

学习目标

通过本学习情境的学习与实践，应达到以下目标：

1. 完成准备材料、现场操作等工艺流程。
2. 掌握预制墙板密封防水（封缝打胶）的方式。
3. 掌握各道工序质量控制要点与安全生产要求。

施工任务单

工程施工任务单见表 5-1。

表 5-1　工程施工任务单

专业班组		班长		日期	
施工任务：预制墙板密封防水（封缝打胶）					
检查意见：					
签章：					

任务分组

以小组为单位，进行任务分工，完成密封打胶操作的各项工艺流程并随时进行质量控制。任务分配表见表 5-2。

表 5-2　任务分配表

班级		组号		指导教师	
组长		学号			
组员	学号	姓名	任务分工		

获取信息

完成本学习任务需要掌握密封打胶操作的各项工艺流程，首先需要查阅、收集相关资料。

引导问题 1：请简述施工前安全带的穿戴方式。

____

____

引导问题 2：预制外墙接缝构造应保证接缝部位的________、________等功能，所采用的接缝材料应具有________、________、________、________等性能。

引导问题 3：完成密封打胶操作需要用到哪些材料及工具？

____

____

引导问题 4：请简述密封打胶的操作流程。

____

____

____

引导问题 5：打胶操作应注意哪些问题？

____

____

____

小提示：打胶时应注意角度，注胶应从底部开始注入，使胶饱满、无气泡，同时注意不要污染墙面。刮胶时应注意角度，以达到理想效果；刮胶过程中注意不要污染墙面，如造成污染则要及时清理。

引导问题 6：密封打胶操作质量控制要点有哪些？

____

____

引导问题 7：简述北京大兴国际机场九大设计亮点。

____

____

____

小提示： 北京大兴国际机场九大设计亮点

1. 亮点一：首次采用“海星”状构型

北京大兴国际机场被大家亲切地称呼为“海星”，因为它创造性地首用“海星”放射状构型，除了北部为一栋独立建筑外，其他指廊都汇聚于中间的主航站楼。

2. 亮点二：全球最大机场航站楼

北京大兴国际机场航站楼区南北长1753m，东西宽1591m，由旅客航站楼、换乘中心和综合服务楼以及停车楼三部分组成。北京大兴国际机场航站楼的总建筑面积达到103万m^2，是全球最大的机场航站楼。

3. 亮点三：东西对称区域既独立又统一

在完整的“海星”结构下，北京大兴国际机场航站楼主体被划分为相对独立的东西两个区域。这两个对称的区域，既可以独立运作，也可以完美地统一起来，不仅增加了航站楼使用的灵活性，也能为出行的旅客提供更有标识性的服务。

4. 亮点四：不规则自由曲面的屋盖结构

屋盖钢结构采用空间网架结构体系，这种架构体系一般由许多规则的几何体组合而成，稳定性好；但不同的是，航站楼的屋盖为不规则自由曲面，这无疑增加了施工难度，其难度堪称世界之最。

5. 亮点五：到机场前就可完成行李托运服务

北京大兴国际机场设置了多种办票及行李托运形式，除了三层和四层设置了大量或人工、或自主的办票柜台和行李托运外，地下综合换乘中心和机场停车楼内都设置了服务柜台，不管是对乘坐轨道交通还是自驾到机场的旅客，都十分方便。

6. 亮点六：注重节能，采用双系统处理方式

在北京大兴国际机场内部，部分行李系统采用了双系统处理方式，在高峰时段行李将全系统运行，而在客流量较低的时段，就只使用直通转盘，这样就有效降低了运营成本，既高效又节能。

7. 亮点七：8根C型柱做主要支撑

作为全球最大的机场航站楼，其屋盖钢架构的投影面积就达到18万m^2，相当于25个标准足球场。但是，为了保障充足的活动空间，如此庞大的屋盖仅用了8根C型柱作支撑。这8根C型柱彼此间距200m，形成的空间可以装下整个水立方。

8. 亮点八：国内首创双层出发高架桥

北京大兴国际机场航站楼还是国内首次采用双层出发高架桥设计的航站楼。

9. 亮点九：国内首创隔震技术

为了机场安全，采用了层间隔震技术，这项技术目前是国内首创。层间隔震技术就是在航站楼首层板下，设置了隔震支座，将航站楼首层和地下一层完全隔开，既隔震又不影响地下层的使用。

小拓展：北京大兴国际机场，位于中国北京市大兴区榆垡镇、礼贤镇和河北省廊坊市广阳区之间，北距北京首都国际机场67km、南距雄安新区55km，为4F级国际机场、世界级航空枢纽、国家发展新动力源。

截至2021年2月，北京大兴国际机场航站楼面积为78万m^2；民航站坪设223个机位、4条运行跑道，东一、北一和西一跑道宽60m，分别长3400m、3800m和3800m，西二跑道长3800m，宽45m，另有3800m长的第五跑道为军用跑道；可满足旅客吞吐量7200万人次、货邮吞吐量200万t、飞机起降量62万架次的使用需求。

沧桑巨变七十载，中国一跃成为世界第二大经济体。北京大兴国际机场经过四年多的建设，拥有多个世界之最：世界规模最大的单体机场航站楼，世界最大的采用隔震支座的机场航站楼，全球首座双层出发、双层到达的航站楼，全球第一座高铁从地下穿行的机场，世界最大无结构缝一体化航站楼，堪称世界上施工技术难度最高的机场。

工作计划

按照之前收集的资讯，制定构件密封打胶的初步工作计划，并填入表5-3中。

表5-3　构件密封打胶生产方案

序号	项目名称	工作内容	负责人
1	生产前准备		
2	打胶密封操作		
3	打胶质量检查		
4	工完料清		

进行决策

教师针对各小组获取的信息，以及制订的施工计划进行汇总，对学员理解不全面、查找有误的信息进行讲解，提出指导性意见，并由学员重新修订构件密封打胶的详细计划，准备施工。

工作实施

24. 施工前准备

按照收集的资料信息以及修订后的施工方案，完成施工。

1. 填写工具、材料清单（表 5-4）

表 5-4　工具、材料清单表

序号	名称	型号与规格	单位	数量	备注

2. 填写施工日志（表 5-5）

表 5-5　施工日志

编号：

日期	年　月　日	施工部位			
天气状况		风力		最高/最低温度	
突发事件					

生产情况记录：（施工项目内容、机械作业、班组工作、生产存在问题等）

技术质量安全工作记录：（技术质量安全活动、技术质量安全问题、检查验收情况等）

工程负责人		记录人	

评价反馈

评价反馈按照实际施工验收标准进行打分，同时考虑职业素养，共设置 5 个评价项目。最终成绩=（项目 1 成绩+项目 2 成绩+项目 3 成绩+项目 4 成绩）×70%+项目 5 成绩×30%，并将打分结果填入表 5-6 中。

表 5-6　综合评价表

班级：		姓名：			学号：		
学习情境五		装配式混凝土建筑密封防水					
项目	生产过程	具体内容		评分标准	分值	得分	备注
1	生产前准备	劳保用品准备	佩戴安全帽	内衬圆周大小调节到头部稍有约束感为宜。下颚带应紧贴下颚，松紧以下颚有约束感，但不难受为宜	3		
			穿戴劳保工装、防护手套	劳保工装做到“统一、整齐、整洁”，并做好“三紧”，即领口紧、袖口紧、下摆紧；严禁卷袖口、卷裤腿等现象。必须正确佩戴手套，方可进行施工	3		
			穿戴安全带	固定好胸带、腰带、腿带，安全带贴身	4		
		设备检查	检查施工设备（吊篮、打胶装置）	操作开关检查吊篮和打胶装置是否正常运转	3		
		领取工具	领取打胶所有工具	领取工具，放置在指定位置，摆放整齐	3		
		领取材料	领取打胶所有材料	领取材料，放置在指定位置，摆放整齐	3		
		卫生检查及清理	施工场地卫生检查及清扫	使用扫把，规范清理场地	3		
2	封缝打胶工艺流程	基层处理	清理浮浆	正确使用角磨机，沿板缝清理浮浆	4		
			清理墙体杂质	正确使用钢丝刷，沿板缝清理浮浆	4		
			清理残留灰尘	正确使用毛刷，沿板缝清理残留灰尘	4		
		填充 PE 棒（泡沫棒）		正确使用铲子，沿板缝顺直填充 PE 棒	5		

（续）

项目	生产过程	具体内容		评分标准	分值	得分	备注
2	封缝打胶工艺流程	粘贴美纹纸		正确使用材料（美纹纸），沿板缝顺直粘贴	5		
		涂刷底涂液		使用毛刷将底涂液沿板缝内侧均匀涂刷	5		
		打胶	竖缝打胶	使用胶枪沿竖向板缝打胶	5		
			水平缝打胶	使用胶枪沿水平缝打胶	5		
		刮平压实密封胶		正确使用刮板，沿板缝匀速刮平，禁止反复操作	5		
		打胶质量检验		打开打胶设备，使用钢直尺对打胶厚度进行测量	5		
3	质量控制	PE 棒填充质量		是否顺直	5		
		打胶质量		胶面是否平整	8		
				厚度为 1~1.5cm	8		
4	安全生产	生产过程中严格按照安全文明生产规定操作，无恶意损坏工具、原材料且无因操作失误造成人员伤害等行为。出现严重损坏设备、伤人事件，判定操作人员不合格。出现墙板碰撞、手放置在墙底等一般危险行为，出现一项则相关人扣 10 分			10		
5	职业素养	工作态度		态度端正，没有无故缺勤、迟到、早退现象	20		
		工作质量		能按计划完成工作任务	20		
		协调能力		与小组成员之间能合作交流、协调工作	20		
		职业素质		能做到保护环境，爱护公共设施	20		
		创新意识		通过完成施工任务，能够总结归纳施工控制要点，从而改良施工操作方法，提高产品质量	20		
合计							

相关知识点

知识点 1：装配式混凝土建筑高空作业安全防护措施

1）凡是进行高处作业施工的，应使用脚手架、平台、梯子、防护围栏、挡脚板、安全带和安全网等。作业前应认真检查所用的安全设施是否牢固、可靠。

2）凡从事高处作业人员应接受高处作业安全知识的教育。特殊高处作业人员应持证上岗，上岗前应依据有关规定进行专门的安全技术交底。采用新工艺、新技术、新材料和新设备的，要按规定对作业人员进行相关安全技术教育。

3）高处作业人员应经过体检，合格后方可上岗。施工单位应为作业人员提供合格的安全帽、安全带等必备的个人安全防护用具，作业人员应按规定正确佩戴和使用。

4）施工单位应按类别、有针对性地将各类安全警示标志悬挂于施工现场各相应部位，夜间应设红灯示警。

5）高处作业所用工具、材料严禁投掷，上下主体交叉作业确有需要时，中间须设隔离设施。

6）高处作业应设置可靠扶梯，作业人员应沿着扶梯上下，不得沿着立杆与栏杆攀登。

7）在雨雪天应采取防滑措施，当风速在 108m/s 以上和雷电、暴风、大雾等气候条件下不得进行露天高处作业。

8）高处作业上下应设置联系信号或通信装置，并指定专人负责。

9）高处作业前，工程项目部应组织有关部门对安全防护设施进行验收，经验收合格签字后方可作业。需要临时拆除或变动安全设施的，应经项目技术负责人审批签字，并组织有关部门验收，经验收合格签字后方可实施。

知识点 2：传统建筑与装配式建筑防水的区别

预制外墙接缝构造应保证接缝部位的防水、保温等功能，所采用的接缝材料应具有防水、保温、防火、防霉、耐候等性能，同时应与混凝土具有兼容性，符合规定的剪切和伸缩变形能力要求。

装配式建筑是由预制构件现场拼装而成的，构件之间拼装接缝的防水是一个薄弱节点，特别是对于有些外墙板考虑抗震设计因素，接缝设计需要满足一定范围内的可变形，更增加了接缝部位的防水难度。

1. 传统建筑防水措施

传统建筑的外围护结构采用的防水措施可总结为以下三大策略。

（1）结构自防水　利用材料自身的密度和足够的厚度，确保不出现使水侵入的裂缝。

（2）构造防水　利用“雨幕”原理在外层和内层之间形成等压空腔，或使进入的水通过一定的构造设计疏导至围护结构外。

（3）材料防水　又称“完美屏障”，可对应于外贴防水雨布、防水卷材，外涂防水涂料等构造措施。

25. 封缝防水构造类型

2. 装配式建筑防水措施

目前常见的装配式建筑预制外挂墙板接缝防水有三大形式，分别为内浇外挂的预制外墙板、外挂预制墙板封闭式线防水形式以及外挂预制墙板开放式线防水形式。

（1）内浇外挂的预制外墙板　内浇外挂的预制外墙板（即 PCF 板）主要采

用外侧排水空腔及打胶，内侧依赖现浇部分混凝土自防水的接缝防水形式，是目前应用最多的形式，如图 5-2 所示。

内浇外挂的预制外墙板的优点：施工简易、施工速度快并且应用广泛。缺点：防水质量难以控制，空腔堵塞情况时有发生，一旦内侧混凝土发生开裂将会直接导致墙板防水失败。

图 5-2　内浇外挂的预制外墙板示意图

（2）外挂预制墙板封闭式线防水形式（图 5-3）　外挂预制墙板封闭式线防水形式主要有三道防水措施。

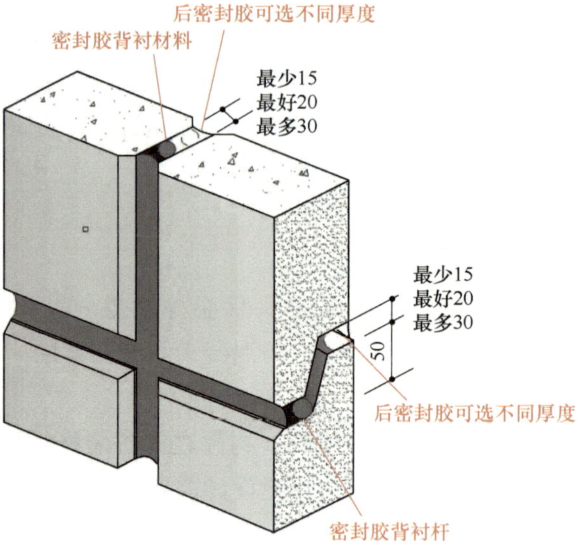

图 5-3　外挂预制墙板封闭式线防水形式示意图

1）最外侧采用高弹力的耐候防水硅胶。

2）中间部分为物理空腔形成的减压空间。

3）内侧使用预嵌在混凝土中的防水橡胶条上下互相压紧来起到防水效果。

外挂预制墙板封闭式线防水形式的优点：采用内外三道防水，疏堵相结合的方式，防水构造完善，防水效果好。缺点：施工精度要求较高，墙板错位不能大于 5mm，否则无法压紧止水橡胶条；采用的防水胶性能要求较高，成本较大；结构胶施工质量要求高，需要专业的团队进行操作。

（3）外挂预制墙板开放式线防水形式　与封闭式线防水在内侧的两道防水措施类似，即企口型的减压空间以及内侧的压密式的防水橡胶条是基本相同的，但是在墙板外侧的防水措施上，开放式线防水不采用打胶的形式，而是采用一端预埋在墙板内，另一端伸出墙板外的幕帘状橡胶条上下相互搭接来起到防水作用，同时外侧的橡胶条间隔一定距离设置不锈钢导气槽，起到平衡内外气压和排水的作用，如图 5-4 所示。

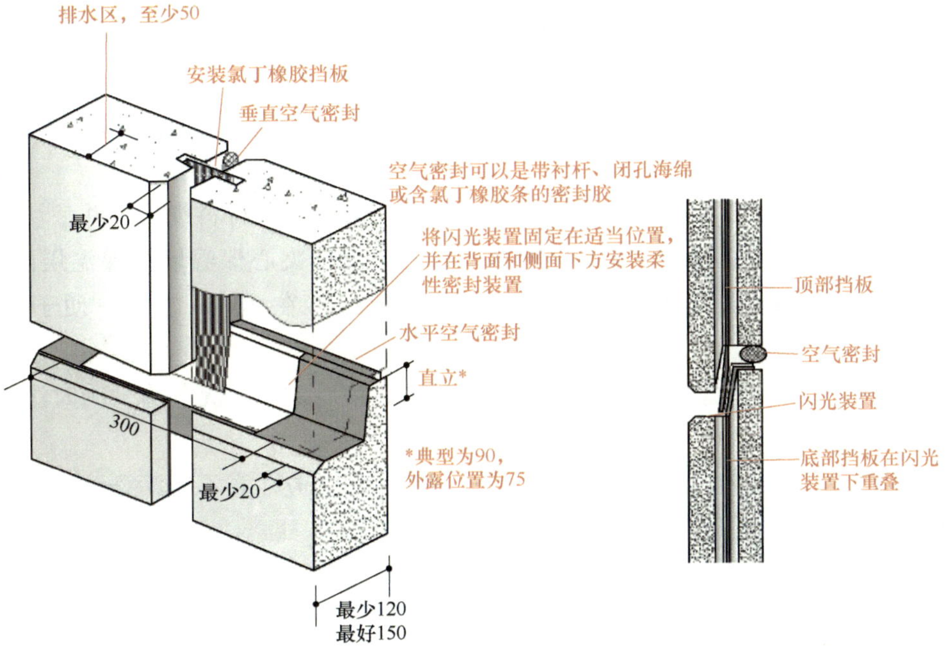

图 5-4　外挂预制墙板开放式线防水形式示意图

1）外挂预制墙板开放式线防水形式的优点：最外侧的防水采用了预埋的橡胶条，产品质量更容易控制和检验。施工时工人无需在墙板外侧打胶，省去了脚手架或者吊篮等施工措施，更加安全简便。防水构造完善，防水效果好。

2）外挂预制墙板开放式线防水形式的缺点：对产品保护要求较高，预埋橡胶条一旦损坏更换困难，耐候性的橡胶止水条成本较高。

外挂预制墙板开放式线防水是一项由国外公司研发的专利技术，受专利使用费用的影响，目前国内使用这项技术的项目比较少。

26. 装配式外墙接缝防水

知识点 3：装配式混凝土外墙密封防水工艺流程及操作要点

1. 装配式外墙密封防水打胶工艺流程（对接 1+X）

（1）基层处理

1）使用角磨机沿板缝清理浮浆。

2）使用钢丝刷，沿板缝清理浮浆。

3）使用毛刷，沿板缝清理残留灰尘。

（2）填充 PE 棒（泡沫棒）　按规范要求进行填充。

（3）粘贴美纹纸　使用美纹纸沿板缝顺直粘贴。

（4）涂刷底涂液　使用毛刷将底涂液沿板缝内侧均匀涂刷。

27. 预制外墙构造缝施工

（5）打胶

1）使用胶枪沿竖向板缝打胶。

2）使用胶枪沿水平缝打胶。

（6）刮平压实密封胶　使用刮板沿板缝匀速刮平，禁止反复操作。

2. 装配式外墙密封防水施工要点

预制外墙接缝处理前应进行预制墙板间界面清理，去灰尘、杂质和不利于粘结的物质。

应根据外墙缝隙宽度和保温板的缺口尺寸，合理选择填充材料规格，并裁切好相应的保温板，将裁切好的保温板从上至下轻轻塞入预制混凝土夹心保温墙板保温层的空缺处，保温板应平整、连续。外叶板与外叶板之间的缝隙保持在 20mm 左右，便于后期打胶处理。

1）打胶时应注意角度，注胶应从底部开始注入，使胶饱满、无气泡，同时注意不要污染墙面。

2）刮胶时应注意角度，以达到理想效果；刮胶过程中应注意不得污染墙面，如造成污染要及时清理。

参 考 文 献

[1] 朱张峰，郭正兴，汤磊. 装配式混凝土混合连接剪力墙研究［M］. 南京：东南大学出版社，2020.

[2] 郭正兴，朱张峰，管东芝. 装配整体式混凝土结构研究与应用［M］. 南京：东南大学出版社，2018.

[3] 王鑫，刘晓晨，李洪涛，等. 装配式混凝土建筑施工［M］. 重庆：重庆大学出版社，2018.

[4] 刘晓晨，王鑫，李洪涛，等. 装配式混凝土建筑概论［M］. 重庆：重庆大学出版社，2018.

[5] 郭学明. 装配式混凝土结构建筑的设计、制作与施工［M］. 北京：机械工业出版社，2017.

[6] 沈聚敏，周锡元，高小旺，等. 抗震工程学［M］. 2 版. 北京：中国建筑工业出版社，2015.

[7] 过镇海，时旭东. 钢筋混凝土原理和分析［M］. 北京：清华大学出版社，2003.